内蒙古食用菌
地方标准汇编

于传宗　主编

中国农业科学技术出版社

图书在版编目（CIP）数据

内蒙古食用菌地方标准汇编 / 于传宗主编. --北京：中国农业科学技术出版社，2024.4
ISBN 978-7-5116-6779-3

Ⅰ. ①内… Ⅱ. ①于… Ⅲ. ①食用菌－地方标准－汇编－内蒙古 Ⅳ. ①S646-65

中国国家版本馆CIP数据核字（2024）第 076859 号

责任编辑　李　华
责任校对　李向荣
责任印制　姜义伟　王思文

出 版 者　中国农业科学技术出版社
　　　　　北京市中关村南大街 12 号　　邮编：100081
电　　话　（010）82109708（编辑室）　　（010）82106624（发行部）
　　　　　（010）82109709（读者服务部）
网　　址　https: // castp.caas.cn
经 销 者　各地新华书店
印 刷 者　北京地大彩印有限公司
开　　本　185 mm × 260 mm　1/16
印　　张　17.5
字　　数　380 千字
版　　次　2024 年 4 月第 1 版　　2024 年 4 月第 1 次印刷
定　　价　128.00 元

《内蒙古食用菌地方标准汇编》

编委会

主　编：于传宗

副主编：庞　杰　鲍红春　王海燕

　　　　李亚娇　李小雷　慕宗杰

参　编：孙国琴　于凤玲　解亚杰　康立茹

　　　　于　静　孟　虎　肖　强　吕艳霞

　　　　季　祥　郭芳颖　关美花　肖　杰

　　　　包妍妍　狄洁增　李成蹊　赵宏宇

　　　　常海文

前　言

　　食用菌是指子实体硕大，可供食用或药用的大型真菌，通称为蘑菇。世界上能形成大型子实体或菌核组织的大型真菌达6 000余种，可供食用的有2 000余种。我国的食用菌达930余种，可实现人工栽培的有50余种。

　　中国工程院李玉院士指出，食用菌产业具有"不与人争粮、不与粮争地、不与地争肥、不与农争时、不与其他产业争资源"的"五不争"特性，在实现农业废弃物资源化、推进循环经济发展、支撑国家粮食（食物）安全方面发挥了重要作用。据中国食用菌协会统计，2022年全国食用菌总产量4 222.54万t，较2021年同比增长2.14%；总产值达到了3 887.22亿元，同比增长11.84%。内蒙古食用菌产量达到了52.57万t，产值突破了50亿元，为内蒙古建设成为国家重要农畜产品生产基地做出了重要贡献，也为内蒙古建设成为中国北方重要生态安全屏障发挥了重要作用。

　　内蒙古自治区农牧业科学院食用菌团队开展食用菌高效生产技术、种质资源收集与创新等研究30余年，收集各类食用菌种质资源18大类200余份，审定食用菌新品种6个，制定地方标准35项，获批发明专利5项，实用新型专利15项，先后荣获内蒙古自治区农牧业丰收奖三等奖等奖项4项，在推动内蒙古食用菌产业高质量发展、提升内蒙古食用菌产值、促进食用菌种植户增收等方面做出了巨大的贡献。

　　本书将2016—2023年团队成员根据内蒙古食用菌生产需求制定的内蒙古地方标准汇编成册，食用菌类型包括黑木耳、平菇、香菇、灵芝、猴头菇、玉黄菇、白灵菇、滑子菇、杏鲍菇、羊肚菌、鸡腿菇、大球盖菇、白木耳、北虫草、草原蘑菇等，内容涉及菌种制作、栽培技术、病虫害防控等，内容实用，操作性强，可作为培训农民、农业技术人员的参考资料。由于时间仓促，难免存在疏漏之处，敬请读者批评指正。

编　者

2024年2月

目　录

ICS 65.020.20
B 31
备案号：51184–2017

DB15

内 蒙 古 自 治 区 地 方 标 准

DB15/T 1055—2016

黑木耳菌种制作技术规程

Regulation of Strain Manufacture for *Auricularia auricula*

2016–09–25 发布　　　　　　　　　　2016–12–25 实施

内蒙古自治区质量技术监督局　　发 布

前　言

本标准按照GB/T 1.1—2009给出的规则编写。

本标准由内蒙古自治区农牧业科学院提出。

本标准由内蒙古自治区农牧业厅归口。

本标准起草单位：内蒙古自治区农牧业科学院。

本标准主要起草人：庞杰、孙国琴、王勇、张立华、王海燕、解亚杰、康立茹、于静、孟虎、乔慧蕾、李亚娇。

黑木耳菌种制作技术规程

1 范围

本标准规定了黑木耳（*Auricularia auricula*）母种、原种和栽培种有关的定义、菌种制作技术流程要点等。

本标准适用于黑木耳母种、原种和栽培种菌种制作要求。

2 规范性引用文件

下列文件对于本文件的应用是必不可少的。凡是注日期的引用文件，仅所注日期的版本适用于本文件。凡是不注日期的引用文件，其最新版本（包括所有的修改单）适用于本文件。

GB/T 6192—2008　黑木耳

GB 9688　食品包装用聚丙烯成型品卫生标准

GB 19169　黑木耳菌种

NY/T 528　食用菌菌种生产技术规程

NY/T 1731　食用菌菌种良好作业规范

NY/T 1742　食用菌菌种通用技术要求

3 术语和定义

下列术语和定义适用于本文件。

3.1

黑木耳　*Auricularia auricula*

隶属于担子菌亚门（Basidiomycotina）木耳目（Auriculariales）木耳科（Auriculariaceae）的可食用的大型真菌。

［GB/T 6192—2008，定义3.1］

3.2

菌种　spawn

通过生产试验验证具有特异性、均一性和稳定性，丰产性好、抗性强的黑木耳菌株或品种，培养生长在适宜基质上具结实性的菌丝培养物，包括母种、原种和栽培种。

3.3

母种 stook culture

经各种方法选育得到的具有结实性的菌丝体纯培养物及其继代培养物,以试管或培养皿为培养容器和使用单位,也称为一级种。

3.4

原种 pre-culture spawn

由母种移植、扩大培养而成的菌丝体纯培养物,常以菌种瓶或（12~17）cm×（22~28）cm×（0.04~0.05）mm聚丙烯塑料袋为容器,也称为二级种。

3.5

栽培种 spawn

由原种移植、扩大培养而成的菌丝体纯培养物,常以菌种瓶或（15~17）cm×（33~35）cm×（0.04~0.05）mm聚丙烯塑料袋为容器。栽培种可以用于扩大到栽培出菇袋或直接出耳,也称为三级种。

3.6

固体菌种 solid spawn

以富含木质素、纤维素或淀粉类天然物质为主要原料,添加适量的有机氮源和无机盐类,具一定水分含量的培养基培养的纯菌丝体。

3.7

液体菌种 liquid spawn

指采用与母种营养成分相同不加琼脂的液体培养基培养而得到的纯菌丝体,菌丝体在培养基中呈絮状或球状,液体菌种可以作为原种或栽培种直接接种在培养袋中。

4 菌种生产要求

4.1 人员

生产所需要的技术人员和检验人员应经过专业培训、掌握黑木耳基础知识及黑木耳菌种生产技术规程要求。

4.2 场地、厂房要求

黑木耳菌种生产应选择地势高、通风良好、空气清新、水源近、排水通畅、交通便利的场所。300m之内无酿造厂、食用菌栽培场、集贸市场、规模养殖的畜禽舍、垃圾和粪便堆积场,无污水、废气、废渣、烟尘和粉尘等污染源。

黑木耳菌种生产厂要求有各自隔离的摊晒场、原材料库、配料分装库。配套有配料室、搅拌室、装袋（瓶）室、灭菌室、冷却室、接种室、培养室（通风好,有纱窗）、菌种检验（检测）室及菌种冷藏库等。冷却室、接种室、培养室都要有离子净化设施。

4.3 生产设备

黑木耳菌种生产需要粉碎机、电子秤、搅拌机、装袋（瓶）机、高压灭菌锅或常压灭菌锅、离子净化器、超净工作台或接种箱、恒温培养箱、培养架、摇床、液体菌种罐（30～250L）、冰箱、显微镜等设备。

5 母种生产

5.1 培养基

见附录A。

5.2 容器

试管选用18mm×180mm或者20mm×200mm；培养皿选用直径7～9cm玻璃培养皿或一次性塑料培养皿。

5.3 分装和灭菌

5.3.1 试管分装和灭菌

分装培养基至试管1/4处，用棉塞或硅胶塞子封闭试管口，每5支试管为1把，牛皮纸包棉塞，橡皮筋扎紧，棉塞向上放置。棉塞应采用梳棉，不能使用脱脂棉。在121～124℃（0.11～0.12MPa）下灭菌25min。

灭菌后温度降到（65±5）℃时，在空气清洁的室内摆斜面，要求斜面长度不超过试管长度的2/3。从摆好的试管中抽取3%～5%的试管，在28℃下培养48h，无微生物长出为灭菌合格。

5.3.2 培养皿分装和灭菌

培养基装入300～500mL三角瓶至刻度的2/3处，用带滤膜的封口膜封口后灭菌。培养皿用报纸包好，同时放入灭菌锅灭菌。在121～124℃（0.11～0.12MPa）下灭菌25min。

灭菌后温度降到（65±5）℃时，在超净工作台内将三角瓶中的培养基分装至培养皿中，培养基占培养皿高度的1/3～1/2。

5.4 接种

在超净工作台或接种箱内接种，接种前用紫外线灭菌灯照射30min，之后用75%酒精进行表面消毒。

接菌过程严格执行无菌操作，接种后及时做好标签。

接种的菌块3～5mm，接种在培养皿或试管的中部。培养皿需用石蜡膜密封。

5.5 培养

温度控制在22～26℃，空气湿度在75%以下，通风黑暗培养。

接种后第4天、第7天和长满培养基后分别进行检验，挑出未活、污染和生长不良的不合格培养物。检验方式应该是逐个检验。

6 原种、栽培种生产

6.1 固体菌种

6.1.1 培养基

见附录B。

6.1.2 容器

原种采用850mL以下、瓶口直径≤4cm、耐126℃高温的透明瓶子，或采用（12～17）cm×（22～28）cm×（0.04～0.05）mm的聚丙烯塑料袋。

栽培种采用同原种要求的瓶子，也可采用（15～17）cm×（33～35）cm×（0.04～0.05）mm的聚丙烯塑料袋。

以上聚丙烯塑料袋均要求符合GB 9688的要求。

6.1.3 装袋（瓶）

采用装袋（瓶）机或人工进行装袋（瓶），人工装袋（瓶）需用打孔器在袋口处打孔，孔直径1～1.5cm，深度为8～12cm，每袋（瓶）装培养基500～600g。

6.1.4 灭菌

培养基质装袋（瓶）后4h内进行灭菌，灭菌可分为高压灭菌和常压灭菌。

高压灭菌：组合培养基在121～124℃（0.11～0.14MPa）下灭菌2h；粮食培养基在121～124℃（0.11～0.14MPa）下灭菌2.5h。

常压灭菌：在3h之内使灭菌温度达到100℃，保持100℃ 10～12h。

6.1.5 接种

原种、栽培种在超净工作台或接种箱内接种，接种前打开紫外线灭菌灯照射30min，接种时用75%酒精对超净工作台或接种箱进行表面擦拭消毒。每个原种接入母种块2～3cm，每个栽培种接入原种量不得少于15g。菌种都应从容器开口处接种，不应打孔多点接种。

要严格按无菌操作接种，每批接种应为单一品种，如中途换品种时采用75%酒精对超净工作台或接种箱进行表面擦拭消毒。

6.1.6 培养

温度控制在22～26℃，空气湿度在75%以下，通风避光培养。

6.1.7 贮存

原种和栽培种在10～15℃下贮存，贮存期不超过20d；在1～6℃下贮存，贮存期不超过50d。

6.2 液体菌种生产

6.2.1 培养基

见附录A。灭菌同5.3.2。

6.2.2 三角瓶液体菌种生产

采用150~500mL三角瓶，培养基添加至刻度的2/3处，用带滤膜的封口膜封口后灭菌。灭菌条件同5.3.2。

取3~5mm大小母种5~8块接种在液体培养基中，在23~25℃、振荡频率（搅拌速度）140~160r/min下振荡培养5~7d。

6.2.3 菌种罐液体菌种生产条件

6.2.3.1 装罐和灭菌

填装配好的培养基至液体菌种罐2/3处，按照液体菌种罐说明书要求对液体菌种罐和液体培养基灭菌，待液体培养基冷却至30℃以下时进行接种。

6.2.3.2 接种与培养

将培养好的三角瓶液体菌种接入到液体菌种罐中，接种过程严格执行无菌操作。

接种量为培养基总体积的8%~10%，培养温度（23±2）℃，搅拌转速140~180r/min，罐压0.04MPa，通风量0.7N·m³/h，培养4~6d。

6.2.3.3 出菇袋接种

液体菌种可作为原种或栽培种使用，液体菌种接种在出菇袋中要采用专用液体菌种接种枪进行，严格执行无菌操作，每袋接种10~15mL。

7 检验、入库及留样

7.1 检验

7.1.1 母种感官要求见表1

表1 黑木耳母种感官要求

项目	要求
容器	完整、无破损、无裂纹、洁净
棉塞或无棉盖体	干燥、整洁、松紧适度、能满足透气和过滤要求
培养基灌入量	为试管总容积的1/4，培养皿高的1/3~1/2
菌丝生长量	长满容器
菌种正面外观	洁白、纤细、平贴培养基生长、均匀、平整、无角变、菌落边缘整齐、无杂菌菌落
斜面或平板背面外观	培养基不干缩，均匀

7.1.2 原种感官要求见表2

表2 黑木耳原种感官要求

项目	要求
容器	完整、无破损、无裂纹
棉塞或无棉盖体	干燥、整洁、松紧适度、能满足透气和滤菌要求
培养基上表面距瓶（袋）口的距离	（50±5）mm
菌丝生长量	长满容器
菌丝体特征	白色，菌丝体生长旺健，菌丝体前段生长整齐
培养基及菌丝体	培养基变色均匀，菌种与瓶（袋）不分离，无干缩
菌丝分泌物	允许少量无色至棕黄色水珠
杂菌菌落	无
耳芽（子实体原基）	允许少量米粒大小的耳芽

7.1.3 栽培种感官要求见表3

表3 黑木耳栽培种感官要求

项目	要求
容器	完整、无破损、无裂纹
棉塞或无棉盖体	干燥、整洁、松紧适度、能满足透气和滤菌要求
培养基上表面距瓶（袋）口的距离	（50±5）mm
菌丝生长量	长满容器
菌丝体特征	白色，生长旺健，菌丝体前段生长整齐
培养基及菌丝体	培养基变色均匀，菌种与瓶（袋）不分离，无干缩
菌丝分泌物	允许少量无色至棕黄色水珠
杂菌菌落	无
耳芽（子实体原基）	允许少量米粒大小的耳芽

7.1.4 液体菌种感官要求见表4

表4　黑木耳液体菌种感官要求

项目	要求
容器	完整、无破损、无裂纹、洁净
菌丝生长量	培养基1/2～1/3
菌丝体特征	白色至透明大小均匀的球状
培养基	液体透明
杂菌	无杂菌

7.2 入库

检验参照NY/T 1742、NY/T 1731和GB 19169的相关规定。母种检验完成后应及时入库，详细记录各生产环节，库房温度1～6℃，避光，适当通风但应该对空气进行杀菌处理。

黑木耳菌种在库中贮存时间不应长于50d，贮存时间超出50d的母种应该进行出菇检验后再进行后续生产。

7.3 留样

母种应留样，每批次留样3支试管，贮存在1～6℃，贮存至购买者购买后正常生产条件下出第一潮菇。

附录A

（资料性附录）

母种培养基配方

A.1 PDA改良培养基

A.1.1 麦麸100g加水600mL煮沸20min，滤液定容至500mL；新鲜无病去皮马铃薯200g加水600mL煮沸15min，滤液定容至500mL，二者混合，加入硫酸镁（$MgSO_4$）0.5g、磷酸二氢钾（KH_2PO_4）1g、葡萄糖10g、蔗糖10g、琼脂粉10～15g，煮沸至琼脂粉完全溶化，pH值自然。

A.1.2 新鲜无病去皮马铃薯200g加水1 200mL煮沸15min，滤液定容至1 000mL，加入蛋白胨1g、酵母粉1g、硫酸镁（$MgSO_4$）0.5g、磷酸二氢钾（KH_2PO_4）1g、葡萄糖10g、蔗糖10g、琼脂粉10～15g，煮沸至琼脂粉完全溶化，pH值自然。

A.1.3 100g麦粒加水1 200mL煮沸20min，滤液定容至1 000mL，加入硫酸镁（$MgSO_4$）0.5g、磷酸二氢钾（KH_2PO_4）1g、蛋白胨5g、蔗糖10g、葡萄糖10g、琼脂粉10～15g，pH值自然。

A.1.4 新鲜无病去皮马铃薯200g加水600mL煮沸15min，滤液定容至500mL；新鲜无霉变小麦粒100g加水600mL煮沸20min，滤液定容至500mL，二者混合，加入硫酸镁（$MgSO_4$）0.5g、磷酸二氢钾（KH_2PO_4）1g、蔗糖10g、琼脂粉10～15g，煮沸至琼脂粉完全溶化，pH值自然。

A.2 PDA培养基

新鲜无病去皮马铃薯200g加水1 200mL煮沸15min，滤液定容至1 000mL，加入硫酸镁（$MgSO_4$）0.5g、磷酸二氢钾（KH_2PO_4）1g、葡萄糖10g、蔗糖20g、琼脂粉10～15g，煮沸至琼脂粉完全溶化，pH值自然。

注：制作液体培养基不加琼脂粉。

附录B

（资料性附录）
原种、栽培种常用培养基配方

B.1 粮食培养基

谷粒、麦粒或玉米粒90%，柠条粉、棉籽壳、木屑、玉米芯粉或豆秸粉9%，石膏1%，石灰水调节pH值至6～7，水分含量（50±2）%。

B.2 组合培养基

B.2.1 锯末79%，麸子20%，石膏1%，石灰水调节pH值至6～7，水分含量（60±2）%。

B.2.2 柠条粉60%，玉米芯20%，麸子19%，石膏1%，石灰水调节pH值至6～7，水分含量（60±2）%。

B.2.3 豆秸粉60%，玉米芯20%，麸子19%，石膏1%，石灰水调节pH值至6～7，水分含量（60±2）%。

B.2.4 棉籽壳80%，麸子19%，石膏1%，石灰水调节pH值至6～7，水分含量（60±2）%。

B.2.5 柠条粉80%，麸子19%，石膏1%，石灰水调节pH值至6～7，水分含量（60±2）%。

ICS 65.020.20
B 31
备案号：51185-2017

DB15

内 蒙 古 自 治 区 地 方 标 准

DB15/T 1056—2016

香菇菌种制作技术规程

Regulation of Strain Manufacture for *Lentinus edodes*

2016-09-25 发布　　　　　　　　　　　2016-12-25 实施

内蒙古自治区质量技术监督局　　　发 布

前　言

本标准按照GB/T 1.1—2009给出的规则起草。

本标准由内蒙古自治区农牧业科学院提出。

本标准由内蒙古自治区农牧厅归口。

本标准起草单位：内蒙古自治区农牧业科学院。

本标准主要起草人：孙国琴、庞杰、王勇、康立茹、解亚杰、张立华、王海燕、于静、孟虎、乔慧蕾、李亚娇。

香菇菌种制作技术规程

1 范围

本标准规定了香菇（*Lentinus edodes*）母种、原种和栽培种生产有关的定义、制作技术流程要点等。

本标准适用于香菇母种、原种和栽培种菌种制作要求。

2 规范性引用文件

下列文件对于本文件的应用是必不可少的。凡是注日期的引用文件，仅所注日期的版本适用于本文件。凡是不注日期的引用文件，其最新版本（包括所有的修改单）适用于本文件。

GB 9688 食品包装用聚丙烯成型品卫生标准

GB 19170 香菇菌种

GH/T 1013—2015 香菇

NY/T 528—2010 食用菌菌种生产技术规程

NY/T 1731 食用菌菌种良好作业规范

NY/T 1742 食用菌菌种通用技术要求

3 术语和定义

下列定义和术语适用于本文件。

3.1

香菇 *Lentinus edodes*

香菇（*Lentinus edodes*）又名香蕈、香信、香菰、冬菇、椎茸（日本）。属担子菌亚门（Basidiomycotina）、层菌纲（Hymenomycetes）、伞菌目（Agaricales）、口蘑科（Tricholomataceae）、香菇属（*Lentinus*）的一类木腐菌，子实体肉质或近肉质。

［GH/T 1013—2015，定义3.1］

3.2

菌种 spawn

通过生产试验验证具有特异性、均一性和稳定性，丰产性好、抗性强的香菇菌株或品种，生长在适宜基质上具结实性的菌丝培养物，包括母种、原种和栽培种。

3.3

母种　stock culture

经分离、杂交、诱变等各种方法选育得到的具有结实性的菌丝体纯培养物及其继代培养物，以玻璃试管和培养皿为培养容器和使用单位，也称为一级种、试管种。

　　［GB 19170—2003，定义3.1］

3.4

原种　pre-culture spawn

由母种移植、扩大培养而成的菌丝体纯培养物，常以玻璃菌种瓶或塑料菌种瓶或（12～17）cm×（22～28）cm×（0.04～0.05）mm聚丙烯塑料袋为容器，也称为二级种。

3.5

栽培种　spawn

由原种移植、扩大培养而成的菌丝体纯培养物。常以菌种瓶（玻璃瓶或塑料瓶）或（15～17）cm×（33～35）cm×（0.04～0.05）mm聚丙烯塑料袋为容器。栽培种只能用于栽培，不可再次扩大繁殖菌种，也称为三级种。

3.6

固体菌种　solid spawn

以富含木质素、纤维素和淀粉等天然有机物为主要原料，添加适量的有机氮源和无机盐类，具一定水分含量的培养基培养的纯菌丝体。

3.7

液体菌种　liquid spawn

指采用与母种营养成分相同不加琼脂的液体培养基培养而得到的纯双核菌丝体，菌丝体在培养基中呈絮状或球状，液体菌种可以作为原种或栽培种直接接种在培养袋中。

4　菌种生产要求

4.1　人员

生产所需要的技术人员和检验人员应经过专业培训、掌握香菇基础知识及香菇菌种生产技术规程要求。

4.2　场地、厂房要求

香菇菌种生产应选择地势高、通风良好、空气清新、水源近、排水通畅、交通便利的场所。300m之内无酿造厂、食用菌栽培场、集贸市场、规模养殖的畜禽舍、垃圾和粪便堆积场，无污水、废气、废渣、烟尘和粉尘等污染源。

香菇菌种生产厂房要求有各自隔离的摊晒场、原材料库、配料分装库。配套有配料室、搅拌室、装袋（瓶）室、灭菌室、冷却室、接种室、培养室（通风好，有纱窗）、菌种检测室及菌种冷藏库等各环节的设施。冷却室、接种室、培养室都要有离子净化设施。

4.3 生产设备

香菇菌种生产需要粉碎机、电子秤、搅拌机、装袋（瓶）机、高压锅或常压灭菌锅、离子净化器、超净工作台或接种箱、恒温培养箱、培养架、摇床、液体菌种罐（30～250L）、冰箱、显微镜等设备。

5 母种生产

5.1 培养基

见附录A。

5.2 容器

试管选用18mm×180mm或者20mm×200mm；培养皿选用直径7～9cm玻璃培养皿或一次性塑料培养皿。

5.3 分装和灭菌

5.3.1 试管分装和灭菌

分装培养基至试管1/4处，用棉塞或硅胶塞子封闭试管口，每5支试管为1把，牛皮纸包棉塞，橡皮筋扎紧，棉塞向上放置。棉塞应采用梳棉，不能使用脱脂棉。在121～124℃（0.11～0.12MPa）下灭菌25min。

灭菌后温度降到（65±5）℃时，在空气清洁的室内摆斜面，要求斜面长度不超过试管长度的2/3。从摆好的试管中抽取3%～5%的试管，在28℃下培养48h，无微生物长出为灭菌合格。

5.3.2 培养皿分装和灭菌

培养基装入300～500mL三角瓶至刻度的2/3处，用带滤膜的封口膜封口后灭菌。培养皿用报纸包好，同时放入灭菌锅灭菌。在121～124℃（0.11～0.12MPa）下灭菌25min。

灭菌后温度降到（65±5）℃时，在超净工作台内将三角瓶中的培养基分装至培养皿中，培养基占培养皿高度的1/3～1/2。

5.4 接种

在超净工作台或接种箱内接种，接种前用紫外线灭菌灯照射30min，之后用75%酒精进行表面消毒。

接菌过程严格执行无菌操作，接种后及时做好标签。

接种的菌块3～5mm，接种在培养皿或试管的中部，培养皿需用石蜡膜密封。

5.5 培养

温度控制在22～26℃，空气湿度在75%以下，通风避光培养。

接种后第5天、第7天和长满培养基后分别进行检验，挑出未活、污染和生长不良的不合格培养物。检验方式应该是逐个检验。

6 原种、栽培种生产

6.1 固体菌种

6.1.1 培养基

见附录B。

6.1.2 容器

原种采用850mL以下、瓶口直径≤4cm、耐126℃高温的透明瓶子，或采用（12~17）cm×（22~28）cm×（0.04~0.05）mm的聚丙烯塑料袋。

栽培种采用同原种要求的瓶子，也可采用（15~17）cm×（33~35）cm×（0.04~0.05）mm聚丙烯塑料袋。

以上聚丙烯塑料袋均要求符合GB 9688《食品包装用聚丙烯成型品卫生标准》要求。

6.1.3 装袋（瓶）

采用装袋（瓶）机或人工进行装袋（瓶），人工装袋（瓶）需用打孔器在袋口处打孔，孔直径1~1.5cm，深度为8~12cm，每袋（瓶）装培养基500~600g。

6.1.4 灭菌

培养基质装袋（瓶）后4h内进行灭菌，灭菌可分为高压灭菌和常压灭菌。

高压灭菌：组合培养基在121~124℃（0.11~0.14MPa）下灭菌2h；粮食培养基在121~124℃（0.11~0.14MPa）下灭菌2.5h。

常压灭菌：在3h之内使灭菌温度达到100℃，保持100℃ 10~12h。

6.1.5 接种

原种、栽培种在超净工作台或接种箱内接种，接种前打开紫外线灭菌灯照射30min，接种时用75%酒精对超净工作台或接种箱进行表面擦拭消毒。每个原种接入母种块2~3cm；每个栽培种接种量不得少于15g。菌种都应从容器开口处接种，不应打孔多点接种。

要严格按无菌操作接种，每批接种应为单一品种，如中途换品种时采用75%酒精对超净工作台或接种箱进行表面擦拭消毒。

6.1.6 培养

温度控制在22~26℃，空气湿度在75%以下，通风避光培养。

6.1.7 贮存

原种和栽培种在10~15℃下贮存，贮存期不超过20d；在1~6℃下贮存，贮存期不超过50d。

6.2 液体菌种生产

6.2.1 培养基

见附录A中规定。灭菌同5.3.2。

6.2.2 三角瓶液体菌种生产

采用150~500mL三角瓶，培养基添加至刻度的2/3处，用带滤膜的封口膜封口后灭菌。灭菌条件同5.4。

取3~5mm大小母种10~15块接种在液体培养基中，在23~25℃，振荡频率（搅拌速度）135~145r/min下振荡培养6~8d。

6.2.3 菌种罐液体菌种生产条件

6.2.3.1 装罐和灭菌

填装培养基至液体菌种罐2/3处，按照液体菌种罐说明书要求，对液体菌种罐和液体培养基灭菌，待液体培养基冷却至30℃以下时进行接种。

6.2.3.2 接种与培养

将培养好的三角瓶液体菌种接入到液体菌种罐中，接种量为培养基总体积的8%~10%，培养温度（23±2）℃，搅拌转速140~180r/min，罐压0.04MPa，通风量0.7N·m/h，培养5~7d。

6.2.3.3 出菇袋接种

液体菌种可作为原种或栽培种使用，液体菌种接种在出菇袋中要采用专用液体菌种接种枪进行，严格执行无菌操作，每袋接种10~15mL。

7 检验、入库及留样

7.1 检验

7.1.1 母种感官要求见表1

表1 香菇母种感官要求

项目		要求
容器		完整、无破损、无裂纹、洁净
棉塞或无棉盖体		干燥、整洁、松紧适度、能满足透气和过滤要求
接种量（接种块大小）		（3~5）mm×（3~5）mm
菌种外观	菌丝生长量	长满容器
	菌丝体特征	洁白、平整、无角变
	菌丝体分泌物	无
	菌落边缘	整齐
	杂菌菌落	无
	斜面背面外观	培养基不干缩，颜色均匀，无暗斑、无色素

7.1.2 原种感官要求见表2

表2 香菇原种感官要求

项目		要求
容器		完整、无破损、无裂纹
棉塞或无棉盖体		干燥、整洁、松紧适度、能满足透气和滤菌要求
培养基上表面距瓶（袋）口的距离		（50±5）mm
菌种外观	菌丝生长量	长满容器
	菌丝体特征	洁白浓密、生长旺健
	培养物表面菌丝体	生长均匀、无高温抑制线
	培养基及菌丝体	紧贴瓶壁、无干缩
	菌丝分泌物	允许少量无色至棕黄色水珠
	杂菌菌落	无
	子实体原基	无

7.1.3 栽培种感官要求见表3

表3 香菇栽培种感官要求

项目		要求
容器		完整、无破损、无裂纹
棉塞或无棉盖体		干燥、整洁、松紧适度、能满足透气和滤菌要求
培养基上表面距瓶（袋）口的距离		（50±5）mm
菌种外观	菌丝生长量	洁白浓密、生长旺健
	菌丝体特征	生长均匀、无高温抑制线
	培养基及菌丝体	紧贴瓶壁、无干缩
	菌丝分泌物	允许少量无色至棕黄色水珠
	杂菌菌落	无
	子实体原基	无

7.1.4 液体菌种感官要求见表4

表4 香菇液体菌种感官要求

项目	要求
容器	完整、无破损、无裂纹
菌丝生长量	培养基1/3 ~ 1/2
菌丝体特征	白色至透明块状、生长旺健
培养基及菌丝体	清澈、无杂色
杂菌	无杂菌

7.2 入库

按NY/T 1742、NY/T 1731和GB 19170的相关要求中关于香菇菌种的论述要求。母种检验完成后应及时入库，详细记录各生产环节，库房温度应该在1 ~ 6℃，避光，适当通风但应该对空气进行杀菌处理。

香菇母种在库中贮存时间不应长于50d，贮存时间超出50d的母种应该进行出菇检验后再进行后续生产。

7.3 留样

母种应留样，每批次留样3支试管，贮存在1 ~ 6℃，贮存至购买者购买后正常生产条件下出第一潮菇。

附录A
（资料性附录）
香菇母种培养基配方

A.1 PDA改良培养基

A.1.1　麦麸100g加水600mL煮沸20min，滤液定容至500mL；新鲜无病去皮马铃薯200g加水600mL煮沸15min，滤液定容至500mL，二者混合，加入硫酸镁（$MgSO_4$）0.5g、磷酸二氢钾（KH_2PO_4）1g、葡萄糖10g、蔗糖10g、琼脂粉10~15g，pH值自然。

A.1.2　新鲜无病去皮马铃薯200g加水1 200mL煮沸15min，滤液定容至1 000mL，加入蛋白胨1g、酵母粉1g、硫酸镁（$MgSO_4$）0.5g、磷酸二氢钾（KH_2PO_4）1g、葡萄糖10g、蔗糖10g、琼脂粉10~15g，pH值自然。

A.1.3　麦粒100g加水1 200mL煮沸15min，滤液定容至1 000mL，加入硫酸镁（$MgSO_4$）0.5g、磷酸二氢钾（KH_2PO_4）1g、葡萄糖10g、蔗糖10g、蛋白胨5g、琼脂粉10~15g，pH值自然。

A.1.4　新鲜无病去皮马铃薯200g加水600mL煮沸20min，滤液定容至500mL；100g小麦粒加水600mL煮沸15min，滤液定容至500mL，二者混合，加入硫酸镁（$MgSO_4$）0.5g、磷酸二氢钾（KH_2PO_4）1g、蔗糖10g、琼脂粉10~15g，pH值自然。

A.2 PDA培养基

　　新鲜无病去皮马铃薯200g加水1 200mL煮沸20min，滤液定容至1 000mL，加入硫酸镁（$MgSO_4$）0.5g、磷酸二氢钾（KH_2PO_4）1g、葡萄糖10g、蔗糖20g、琼脂粉10~15g，pH值自然。

　　注：制作液体菌种培养基不加食用琼脂粉。

附录B
（资料性附录）
香菇固体培养基配方

B.1 粮食培养基

谷粒、麦粒或玉米粒90%，柠条粉、棉籽壳、木屑、玉米芯粉或豆秸粉9%，石膏1%，水分含量（50±2）%，石灰水调节pH值至6.0～6.6。

B.2 组合培养基

B.2.1 锯末79%，麸子20%，石膏1%，水分含量（60±2）%，石灰水调节pH值至6.0～6.6。

B.2.2 柠条粉60%，玉米芯20%，麸子19%，石膏1%，水分含量（60±2）%，石灰水调节pH值至6.0～6.6。

B.2.3 豆秸粉60%，玉米芯20%，麸子19%，石膏1%，水分含量（60±2）%，石灰水调节pH值至6.0～6.6。

B.2.4 棉籽壳80%，麸子19%，石膏1%，水分含量（60±2）%，石灰水调节pH值至6.0～6.6。

B.2.5 柠条粉80%，麸子19%，石膏1%，水分含量（60±2）%，石灰水调节pH值至6.0～6.6。

ICS 65. 020. 20

B 31

备案号：51186-2017

DB15

内 蒙 古 自 治 区 地 方 标 准

DB15/T 1057—2016

香菇高效栽培技术规程

Regulation of Effective Cultivation Techniques for *Lentinus edodes*

2016-09-25 发布   2016-12-25 实施

内蒙古自治区质量技术监督局   发 布

前　言

本标准按照GB/T 1.1—2009给出的规则编写。

本标准由内蒙古自治区农牧业科学院提出。

本标准由内蒙古自治区农牧业厅归口。

本标准起草单位：内蒙古自治区农牧业科学院。

本标准主要起草人：孙国琴、庞杰、王勇、于静、张立华、解亚杰、康立茹、王海燕、孟虎、乔慧蕾、李亚娇。

香菇高效栽培技术规程

1 范围

本标准规定了内蒙古自治区香菇（*Lentinus edodes*）栽培相关的品种、场地选择、栽培技术、病虫害防治及采收等技术。

本标准适用于有遮阳设备的日光温室、塑料大棚及专用菇房内的香菇栽培。

2 规范性引用文件

下列文件对于本文件的应用是必不可少的。凡是注日期的引用文件，仅所注日期的版本适用于本文件。凡是不注日期的引用文件，其最新版本（包括所有的修改单）适用于本文件。

GB/T 1013—2015　香菇

GB/T 8321　农药合理使用准则

NY 5099　无公害食品　食用菌栽培基质安全技术要求

SN/T 0632　出口干香菇检验规程

3 术语和定义

下列定义和术语适用于本文件。

3.1

香菇　*Lentinus edodes*

香菇（*Lentinus edodes*）又名香蕈、香信、香菰、冬菇、椎茸（日本）。属担子菌亚门（Basidiomycotina）、层菌纲（Hymenomycetes）、伞菌目（Agaricales）、口蘑科（Tricholomataceae）、香菇属（*Lentinus*）的一类木腐菌，子实体肉质或近肉质。

［GH/T 1013—2015，定义3.1］

3.2

菌种　spawn

通过生产试验验证具有特异性、均一性和稳定性，丰产性好、抗性强的香菇菌株或品种，生长在适宜基质上具结实性的菌丝培养物，包括母种、原种和栽培种。

3.3

固体菌种　solid spawn

以富含木质素、纤维素和淀粉等天然有机物为主要原料，添加适量的有机氮源和无机盐类，具一定水分含量的培养基培养的纯菌丝体。

3.4

液体菌种 liquid spawn

指采用与母种营养成分相同不加琼脂的液体培养基培养而得到的纯菌丝体，菌丝体在培养基中呈絮状或球状，液体菌种可以作为原种或栽培种直接接种于培养袋中。

4 品种选择

香菇为中低温结实型食用菌。根据出菇温度一般分为三大类，即低温品种（5～15℃）、中温品种（10～20℃）和高温品种（15～25℃）。内蒙古地区冬季出菇选择低温品种，夏季出菇选择高温品种。

5 场地及厂房要求

5.1 场地要求

香菇生产选择交通运输便利，地势较高，有充足的水源和电源，远离污染源，并具有可持续生产能力的农业生产区域。香菇生产选择地势高，通风良好，排水通畅，交通便利的场地。300m之内无酿造厂、食用菌栽培场、集贸市场、规模养殖的畜禽舍、垃圾和粪便堆积场，无污水、废气、废渣、烟尘和粉尘等污染源。

5.2 厂房要求

香菇生产厂应有各自隔离的摊晒场、原材料库、配料分装库。配套有配料室、搅拌室、装袋（瓶）室、灭菌室、冷却室、接种室、出菇棚（室）等。冷却室和接种室要有环境净化设施。出菇室要求有配套的水源、通风和遮阳设备。

6 生产设备

香菇生产应有粉碎机、电子秤、搅拌机、装袋（瓶）机、高压灭菌锅或常压灭菌锅、烘干箱、接种室、离子净化器等设备。

7 栽培技术

7.1 培养基质

7.1.1 原料

香菇栽培主要培养料选用无霉变的硬杂木屑、新鲜柠条、豆秸和玉米芯，混有松、柏、杉等的木屑最好经过暴晒、熏蒸等处理，桉、樟等含有有害物质的木屑不能使用。木屑以隔年使用为好，木屑规格以1cm×1cm×0.1cm或近似黄豆大小的颗粒为宜；柠条或豆秸加工成0.1cm×0.2cm×（1～1.5）cm草粉状为宜，玉米芯加工成玉米粒大小颗粒状。麦麸皮要求新鲜、皮大、面粉少。

7.1.2 配方

见附件A。

7.1.3 栽培袋生产

7.1.3.1 混料

将选用的主要干培养料（木屑、柠条粉、麦麸皮等）按比例混拌2~3遍，其他辅料如石膏、过磷酸钙等溶于水中，分批加入主要干培养料中，搅拌2~3遍，水分含量达到（60±2）%。

7.1.3.2 装袋

选用（17~20）cm×55cm×0.05mm的聚乙烯菌袋，每袋装干料1.2~1.5kg，装满后将袋口紧贴培养料处系紧。拌料6h以内必须完成装袋。

7.1.3.3 灭菌

常压灭菌时，在3h内使中心区域袋间温度达到100℃，保持100℃ 12~15h。

高压灭菌时，121~124℃（0.12~0.14MPa）维持2.5h。

7.1.3.4 冷却

灭菌后菌袋温度降到85℃左右迅速转移到洁净的冷却室。

转移前一天采用食用菌专用熏蒸药剂或离子器对冷却室进行净化处理。

7.2 接种

接种前用离子器或接种专用气雾消毒剂对接种室栽培袋、菌种、衣服、工具等表面进行杀菌处理。接种时采用蘸有75%酒精棉球擦拭出菇袋接种部位，然后用接种打孔器在消毒部位等距离打3个洞，直径1.5cm，深度2~2.5cm。迅速将栽培种接入孔中，菌种应略高出培养基质2~3m，立即套袋或封口。

液体菌种接种方式与固体菌种相同，每穴接种液体菌种10~15mL。

7.3 发菌管理

7.3.1 发菌方式

发菌前对发菌室内进行彻底的消毒，通风口安装防虫网。

堆垛式发菌每4袋一层，层间纵横交错呈"井"字形，菌袋上的接种洞应向两侧，码垛高80~120cm。

层架式要求培养架长×宽×高（2~5）m×1m×2.5m；层间距60cm。

7.3.2 发菌条件

发菌要求在黑暗条件下进行，室内空气湿度55%~65%，接好菌的前3~5d要求发菌室内温度控制在27~28℃，菌丝开始萌发后，温度控制在19~21℃，菌丝长满菌袋后发菌室降低温度3~5℃，继续培养8~12d，菌棒后熟。

7.3.3 通风

发菌室通风口安装防虫网，接种穴周围菌落直径达到6~8cm时，可去掉接种穴的封口或外层袋，加强通风。

7.4 转色管理

7.4.1 菌丝生理成熟标准

当菌棒有肿胀现象、有菌膜形成、菌棒上2/3呈现不规则疙瘩状凸起、菌穴周围呈棕褐色时开始转色。

7.4.2 转色方式

7.4.2.1 脱袋转色

脱袋尽量选择阴天不下雨，或者避光无干热风时进行，用锋利小刀划破菌袋塑料，不要伤害菌丝体。脱袋后，转色室内白天温度控制在20～25℃，空气湿度75%，夜间温度降低到12～15℃；夜间或清晨通风，脱袋4～5d后，增加通风次数，每天通风3～4次，光照强度控制在300～400lx，空气湿度控制在75%左右。当菌丝出现吐"黄水"现象时，用1.5%的石灰水冲洗或70%酒精棉球吸干，适当延长通风，降低湿度。

7.4.2.2 不脱袋转色

白天温度控制在18～22℃，光照强度300～400lx，夜间温度控制在10～12℃，夜间放风30～40min，空气湿度控制在75%～85%，菌棒出现50%瘤状凸起时，定向开口，每棒划10～12个大小为1～1.5cm的"十"字形出菇口。

7.4.3 转色标准

出菇棒达到表面褐色或红棕色即可完成转色，开始催蕾管理。

7.5 催蕾、花菇管理

7.5.1 催蕾

香菇原基形成和分化昼间温度控制在12～20℃，光照条件350～450lx，夜间温度为5～12℃，昼夜温差10℃左右，空气湿度80%～85%，5～8d原基可以发育成菇蕾。

7.5.2 花菇管理

菇蕾2～3cm时，夜间温度控制在13～17℃，湿度控制在65%～75%，白天保持适度光照，温度控制在22～28℃，空气湿度控制在70%～85%，维持3～4d，以后继续维持温差5～15℃，空气湿度65%～75%，保持通气良好和光照条件。

8 病虫害防治

8.1 病虫害防治总原则

遵循"预防为主，防治结合"的方针，优先选择农业防治、物理防治和生物防治，出菇期不宜使用化学农药。按GB/T 8321和NY 5099的规定使用农药。

8.2 香菇常见病虫害

8.2.1 病害

种类：木霉、青霉、毛霉、根霉、鬼伞、细菌性褐斑病等。

防治措施：接种过程中要严格执行无菌操作，做好接种室、养菌室等区域的灭菌工作，养菌期间发现轻度污染菌棒可灭菌后重复使用，重度污染菌棒要远离菌棒生产区域并深埋。

木霉、青霉、毛霉、根霉可用150倍液菌绝杀可湿性粉剂溶液浸洗菌袋或直接洒施覆盖病区；鬼伞一旦出现要立即拔除；细菌性褐斑病发现及时清除病菇，再向料面喷施5%石灰水澄清液，也可喷施链霉素液500～1 000倍液。

8.2.2 虫害

种类：眼菌蚊、菇蝇、螨类、蛞蝓等。

防治措施：生产中常用物理方式进行前期防治，常用的有黄板、诱虫灯等。发生虫害要及时采用化学防治措施进行防治，眼菌蚊可诱虫灯或25%菊乐酯2 000倍液喷施；菇蝇出菇前大量发生可向菌块喷施1%的氯化钾或氯化钠溶液，出菇后可采用鱼藤精、除虫菌酯、烟碱等低毒农药；螨类可喷洒锐劲特、菇净等。

9 采收、干燥和分级

9.1 采收

根据市场及用途，确定采收标准，适时采收，现场分级，直接包装或冷藏，减少损伤。

9.2 干燥

9.2.1 晒干法

先将鲜菇晒至半干，再以热风强制脱水，摊晒场所远离马路、"三废"，脱水空间要求密闭，严防废气进入。

9.2.2 烘干法

对采收的鲜菇要及时整理，并在3～4h内移入烘箱。据菇体大小、厚薄、开伞与不开伞分类上筛，菌褶统一向上或向下均匀整齐排列，把大、湿、厚的香菇放在筛子中间，小菇和薄菇放在上层，质差菇和菇柄放入底层，初始温度设定在35℃，以后每隔3h升高5℃，最后温度控制在60℃维持2h即可烘干。最终干香菇的含水量20%以下。

9.3 分级

按照SN/T 0632中香菇分级规定执行。

附录A
（资料性附录）
常见香菇栽培培养基质配方

A.1 木屑78%，麦麸或细米糠20%，石膏1%，过磷酸钙1%，石灰水调节pH值至6~6.6。

A.2 柠条粉60%，玉米芯20%，麸子18%，石膏1%，过磷酸钙1%，石灰水调节pH值至6~6.6。

A.3 豆秸粉60%，玉米芯20%，麸子18%，石膏1%，过磷酸钙1%，石灰水调节pH值至6~6.6。

ICS 65.020.20

B 31

备案号：51187-2017

DB15

内 蒙 古 自 治 区 地 方 标 准

DB15/T 1058—2016

平菇菌种制作技术规程

Regulation of Strain Manufacture for Pleurotus Mushrooms

2016-09-25发布   2016-12-25实施

内蒙古自治区质量技术监督局   发 布

前　言

本标准按照GB/T 1.1—2009给出的规则编写。

本标准由内蒙古自治区农牧业科学院提出。

本标准由内蒙古自治区农牧业厅归口。

本标准起草单位：内蒙古自治区农牧业科学院。

本标准主要起草人：庞杰、孙国琴、王勇、王海燕、张立华、康立茹、解亚杰、于静、孟虎、乔慧蕾、李亚娇。

平菇菌种制作技术规程

1 范围

本标准规定了制作平菇母种、原种和栽培种有关的定义、制作技术流程要点等。

本标准适用于平菇母种、原种和栽培种制作，也适用于该属的紫孢侧耳（*Pleurotus sapidus*）、小平菇（*Pleurotus cornucopiae*）、凤尾菇（*Pleurotus pulmonarius*）、佛罗里达平菇（*Pleurotus florida*）母种、原种和栽培种制作要求。

2 规范性引用文件

下列文件对于本文件的应用是必不可少的。凡是注日期的引用文件，仅所注日期的版本适用于本文件。凡是不注日期的引用文件，其最新版本（包括所有的修改单）适用于本文件。

GB 9688　食品包装用聚丙烯成型品卫生标准

GB/T 23189—2008　平菇

NY/T 1731　食用菌菌种良好作业规范

NY/T 1742　食用菌菌种通用技术要求

3 术语和定义

下列术语和定义适用于本文件。

3.1

平菇　pleurotus mushrooms

平菇，隶属于担子菌亚门（Basidiomycotina）、伞菌目（Agaricales）、侧耳科（Pleurotaceae）、侧耳属（*Pleurotus*）的木腐菌。

［GB/T 23189—2008，定义3.1］

3.2

菌种　spawn

通过生产试验验证具有特异性、均一性和稳定性，丰产性好、抗性强的平菇菌株或品种，培养生长在适宜基质上具结实性的菌丝培养物，包括母种、原种和栽培种。

3.3

母种　stock culture

经各种方法选育得到的具有结实性的菌丝体纯培养物及其继代培养物，以玻璃试管或培养皿为培养容器和使用单位，也称为一级种、试管种。

3.4

原种 pre-culture spawn

由母种移植、扩大培养而成的菌丝体纯培养物，常以菌种瓶（玻璃菌种瓶或塑料菌种瓶）或（12~17）cm×（22~28）cm×（0.04~0.05）mm聚丙烯塑料袋为容器，也称为二级种。

3.5

栽培种 spawn

由原种移植、扩大培养而成的菌丝体纯培养物，常以菌种瓶（玻璃瓶或塑料瓶）或（15~17）cm×（33~35）cm×（0.04~0.05）mm聚丙烯塑料袋为容器。栽培种只能用于扩大到栽培出菇袋或直接出菇，不可以再次扩大繁殖菌种，也称为三级种。

3.6

固体菌种 solid spawn

以富含木质素、纤维素和淀粉等天然物为主要原料，添加适量的有机氮源和无机盐类，具一定水分含量的培养基培养的纯菌丝体。

3.7

液体菌种 liquid spawn

指采用与母种营养成分相同不加琼脂的液体培养基培养而得到的纯双核菌丝体，菌丝体在培养基中呈絮状或球状，液体菌种可以作为原种或栽培种直接接种在培养袋中。

4 菌种生产要求

4.1 人员

生产所需要的技术人员和检验人员应经过专业培训、掌握平菇基础知识及平菇菌种生产技术规程要求的相应专业技术人员。

4.2 场地、厂房要求

平菇菌种生产应选择地势高，通风良好，空气清新，水源近，排水通畅，交通便利的场所。300m之内无酿造厂、食用菌栽培场、集贸市场、规模养殖的畜禽舍、垃圾和粪便堆积场，无污水、废气、废渣、烟尘和粉尘等污染源。

平菇菌种生产厂房应有各自隔离的摊晒场、原材料库、配料分装库。配套有配料室、搅拌室、装袋（瓶）室、灭菌室、冷却室、接种室、培养室（通风好，有纱窗）、菌种检测室及菌种冷藏库等各环节的设施。冷却室、接种室、培养室都要有离子净化设施。

4.3 生产设备

平菇菌种生产应有粉碎机、电子秤、搅拌机、装袋（瓶）机、高压灭菌锅或常压灭菌锅、离子净化器、超净工作台或接种箱、恒温培养箱、培养架、摇床、液体菌种罐（30～250L）、显微镜等设备。

5 母种生产

5.1 培养基

见附录A。

5.2 容器

试管选用18mm×180mm或者20mm×200mm；培养皿选用直径7～9cm玻璃培养皿或一次性塑料培养皿。

5.3 分装和灭菌

5.3.1 试管分装和灭菌

分装培养基至试管1/4处，用棉塞或硅胶塞子封闭试管口，每5支试管为1把，牛皮纸包棉塞，橡皮筋扎紧，棉塞向上放置。棉塞应采用梳棉，不能使用脱脂棉。在121～124℃（0.11～0.12MPa）下灭菌25min。

灭菌后温度降到（65±5）℃时，在空气清洁的室内摆斜面，要求斜面长度不超过试管长度的2/3。从摆好的试管中抽取3%～5%的试管，在28℃下培养48h，无微生物长出为灭菌合格。

5.3.2 培养皿分装和灭菌

培养基装入300～500mL三角瓶至刻度的2/3处，用带滤膜的封口膜封口后灭菌。培养皿用报纸包好，同时放入灭菌锅灭菌。在121～124℃（0.11～0.12MPa）下灭菌25min。

灭菌后温度降到（65±5）℃时，在超净工作台内将三角瓶中的培养基分装至培养皿中，培养基占培养皿高度的1/3～1/2。

5.4 接种

在超净工作台或接种箱内接种，接种前用紫外线灭菌灯照射30min，之后用75%酒精进行表面消毒。

接菌过程严格执行无菌操作，接种后及时做好标签。

接种的菌块3～5mm，接种在培养皿或试管的中部。培养皿需用石蜡膜密封。

5.5 培养

温度控制在18～26℃，空气湿度在75%以下，通风避光培养。

接种后第3天、第5天和长满培养基后分别进行检验，挑出未活、污染和生长不良的不合格培养物。检验方式应该是逐个检验。

6 原种、栽培种生产

6.1 固体菌种

6.1.1 培养基

见附录B。

6.1.2 容器

原种采用850mL以下、瓶口直径≤4cm、耐126℃高温的透明瓶子，或采用（12~17）cm×（22~28）cm×（0.04~0.05）mm的聚丙烯塑料袋。

栽培种采用同原种要求的瓶子，也可采用（15~17）cm×（33~35）cm×（0.04~0.05）mm的聚丙烯塑料袋。

以上聚丙烯塑料袋均要求符合GB 9688的要求。

6.1.3 装袋（瓶）

采用装袋（瓶）机或人工进行装袋（瓶），人工装袋（瓶）需用打孔器在袋口处打孔，孔直径1~1.5cm，深度为8~12cm，每袋（瓶）装培养基质500~600g。

6.1.4 灭菌

培养基质装袋（瓶）后4h内进行灭菌，灭菌可分为高压灭菌和常压灭菌。

高压灭菌：组合培养基在121~124℃（0.11~0.14MPa）下灭菌2h；粮食培养基在121~124℃（0.11~0.14MPa）下灭菌2.5h。

常压灭菌：在3h之内使灭菌温度达到100℃，保持100℃ 10~12h。

6.1.5 接种

原种、栽培种在超净工作台或接种箱内接种，接种前打开紫外线灭菌灯照射30min，接种时用75%酒精对超净工作台或接种箱进行表面擦拭消毒。每个原种接入母种块2~3cm；每个栽培种接种量不得少于15g。菌种都应从容器开口处接种，不应打孔多点接种。

要严格按无菌操作接种，每批接种应为单一品种，如中途换品种时采用75%酒精对超净工作台或接种箱进行表面擦拭消毒。

6.1.6 培养

温度控制在21~26℃，空气湿度在75%以下，通风避光培养。

6.1.7 贮存

原种和栽培种在0~4℃下贮存，贮存期不超过50d。

6.2 液体菌种生产

6.2.1 培养基

按附录A中规定。灭菌同5.3.2。

6.2.2 三角瓶液体菌种生产

采用150～500mL三角瓶，培养基添加至刻度的2/3处，用带滤膜的封口膜封口后灭菌。灭菌条件同5.3.2。

取3～5mm大小母种4～6块放进液体培养基中，培养温度在16～26℃，振荡频率（搅拌速度）140～160r/min，振荡培养3～6d。

6.2.3 菌种罐液体菌种生产条件

6.2.3.1 装罐和灭菌

填装培养基至液体菌种罐2/3处，按照液体菌种罐说明书要求，对液体菌种罐和液体培养基灭菌，待液体培养基冷却至30℃以下时进行接种。

6.2.3.2 接种与培养

将培养好的三角瓶液体菌种接入液体菌种罐中，接种量为培养基总体积的8%～10%，培养温度（23±2）℃，搅拌转速150～160r/min，罐压0.04MPa，通风量0.7N·m^3/h，培养3～5d。

7 检验、入库及留样

7.1 检验

7.1.1 母种感官要求见表1

表1 平菇母种感官要求

项目		要求
容器		完整、无损、洁净
棉塞或无棉盖体		干燥、整洁、松紧适度、能满足透气和过滤要求
培养基灌入量		为试管总容积的1/4，培养皿高的1/3～1/2
菌种外观	菌丝生长量	长满斜面或平板
	菌丝体特征	洁白、浓密、旺健
	菌丝体表面	均匀、舒展、平整
	菌丝体分泌物	无
	菌落边缘	整齐
	杂菌菌落	无
	斜面背面外观	培养基不干缩，颜色均匀，无暗斑、无色素

7.1.2 原种感官要求见表2

表2 平菇原种感官要求

项目		要求
容器		完整、无破损、洁净
棉塞或无棉盖体		干燥、整洁、松紧适度、能满足透气和滤菌要求
培养基上表面距瓶（袋）口的距离		（50±5）mm
菌种外观	菌丝生长量	长满容器
	菌丝体特征	洁白浓密、生长旺健
	培养物表面菌丝体	生长均匀、无高温抑制线
	培养基及菌丝体	紧贴瓶壁、无干缩
	菌丝分泌物	无、允许少量无色至棕黄色水珠
	杂菌菌落	无
	子实体原基	无

7.1.3 栽培种感官要求见表3

表3 平菇栽培种感官要求

项目		要求
容器		完整、无破损
棉塞或无棉盖体		干燥、整洁、松紧适度、能满足透气和滤菌要求
培养基上表面距瓶（袋）口的距离		（50±5）mm
菌种外观	菌丝生长量	长满容器
	菌丝体特征	生长均匀、色泽一致、无角变、无高温抑制线
	培养基及菌丝体	紧贴瓶壁、无干缩
	菌丝分泌物	无
	杂菌菌落	无
	子实体原基	允许少量、出现原基种类≤5%

7.1.4 液体菌种感官要求见表4

表4 平菇液体菌种感官要求

项目	要求
容器	完整、无破损、无裂纹
菌丝生长量	培养基1/3 ~ 1/2
菌丝体特征	白色至透明块状、生长旺健
培养基	清澈、无杂色
杂菌	无杂菌

7.2 入库

检验参照NY/T 1742和NY/T 1731的要求。菌种检验完成后应及时入菌种库，详细记录各生产环节，菌种库温度应该0 ~ 4℃，避光，适当通风但应该对空气进行杀菌处理。

平菇菌种在库中贮存时间不应长于50d，贮存时间超出50d的母种应该进行出菇检验后再进行后续生产。

7.3 留样

母种应留样，每批次留样3支试管，贮存在0 ~ 4℃，贮存至购买者购买后正常生产条件下出第一潮菇。

附录A
（资料性附录）
母种常用培养基配方

A.1　新鲜无霉变的麦粒100g加水1 200mL煮沸15min，滤液定容至1 000mL，加入硫酸镁（MgSO₄）0.5g、磷酸氢二钾（K₂HPO₄）1g、蛋白胨1g、蔗糖10g、葡萄糖10g、琼脂粉10～15g，pH值自然。

A.2　新鲜无病去皮马铃薯200g加水600mL煮沸20min，滤液定容至500mL；新鲜无霉变的麦粒100g加水600mL煮沸15min，滤液定容至500mL，二者混合，加入硫酸镁（MgSO₄）0.5g、磷酸氢二钾（K₂HPO₄）1g、蔗糖10g、琼脂粉10～15g，pH值自然。

A.3　新鲜无病去皮马铃薯200g加水1 200mL煮沸20min，滤液定容至1 000mL，加入硫酸镁（MgSO₄）0.5g、磷酸氢二钾（K₂HPO₄）1g、蛋白胨1g、蔗糖10g、葡萄糖10g、琼脂粉10～15g，pH值自然。

A.4　新鲜无病去皮马铃薯200g加水1 200mL煮沸20min，滤液定容至1 000mL，加入蔗糖20g、琼脂粉10～15g，pH值自然。

注：制作液体菌种培养基不加食用琼脂粉。

ICS 65.020.20
B 31
备案号：51188-2017

DB15

内 蒙 古 自 治 区 地 方 标 准

DB15/T 1059—2016

平菇高效栽培技术规程

Efficient Cultivation Technology Procedures for Pleurotus Mushrooms

2016-09-25 发布　　　　　　　　　　　　2016-12-25 实施

内蒙古自治区质量技术监督局　　　发 布

前　言

本标准按照GB/T 1.1—2009给出的规则编写。

本标准由内蒙古自治区农牧业科学院提出。

本标准由内蒙古自治区农牧业厅归口。

本标准起草单位：内蒙古自治区农牧业科学院。

本标准主要起草人：庞杰、孙国琴、王勇、张立华、王海燕、解亚杰、康立茹、于静、孟虎、乔慧蕾、李亚娇。

平菇高效栽培技术规程

1 范围

本标准规定了平菇栽培相关的品种、场地选择、栽培技术、病虫害防治及采收等技术。

本标准适用于具有遮阳设备的温室、塑料大棚及专用菇房内的平菇栽培，也适用于该属的紫孢侧耳（*Pleurotus sapidus*）、小平菇（*Pleurotus cornucopiae*）、凤尾菇（*Pleurotus pulmonarius*）、佛罗里达平菇（*Pleurotus florida*）等栽培技术。

2 规范性引用文件

下列文件对于本文件的应用是必不可少的。凡是注日期的引用文件，仅所注日期的版本适用于本文件。凡是不注日期的引用文件，其最新版本（包括所有的修改单）适用于本文件。

GB/T 8321　农药合理使用准则

GB/T 23189—2008　平菇

NY 5099　无公害食品　食用菌栽培基质安全技术要求

3 术语和定义

下列术语和定义适用于本文件。

3.1

平菇　pleurotus mushrooms

平菇，隶属于担子菌亚门（Basidiomycotina）、层菌纲（Hymenomycetes）、伞菌目（Agaricales）、侧耳科（Pleurotaceae）、侧耳属（*Pleurotus*）的木腐菌。

［GB/T 23189—2008，定义3.1］

3.2

菌种　spawn

通过生产试验验证具有特异性、均一性和稳定性，丰产性好、抗性强的平菇菌株或品种，生长在适宜基质上具结实性的菌丝培养物，包括母种、原种和栽培种。

3.3

固体菌种　solid spawn

以富含木质素、纤维素和淀粉等天然有机物为主要原料，添加适量的有机氮源和无机盐类，具一定水分含量的培养基培养的纯菌丝体。

3.4

液体菌种 liquid spawn

指采用与母种营养成分相同不加琼脂的液体培养基培养而得到的纯菌丝体，菌丝体在培养基中呈絮状或球状，液体菌种可以作为原种或栽培种直接接种在培养袋中。

3.5

熟料 sterilized substrate

经常压或高压灭菌处理的平菇栽培基质。

3.6

熟料栽培 cultivation on sterilized substrate

培养基质经过高温灭菌处理后接种进行菌丝体培养和出菇管理的栽培方式。

4 品种选择

高温型：子实体最低分化温度26℃，最高分化温度36℃，最适分化温度25～30℃。

中温型：子实体最低分化温度15℃，最高分化温度25℃，最适分化温度16～23℃。

低温型：子实体最低分化温度5℃，最高分化温度20℃，最适分化温度7～15℃。

广温型：子实体最低分化温度10℃，最高分化温度32℃，最适分化温度15～28℃。

夏季栽培应选择高温型品种，春、秋季选择中温型和广温型品种，冬季选低温型和广温型品种。

5 场地及厂房要求

5.1 场地要求

平菇生产选择交通运输便利，地势较高，有充足的水源和电源，远离污染源，并具有可持续生产能力的农业生产区域。平菇生产选择地势高，通风良好，排水通畅，交通便利的场所。300m之内无酿造厂、食用菌栽培场、集贸市场、规模养殖的畜禽舍、垃圾和粪便堆积场，无污水、废气、废渣、烟尘和粉尘等污染源。

5.2 厂房要求

平菇生产厂应有各自隔离的摊晒场、原材料库、配料分装库。配套有配料室、搅拌室、装袋（瓶）室、灭菌室、接种室、出菇棚（室）等。接种室应有环境净化设施。出菇室应有配套的水源、通风和遮阳设备。

6 生产设备

平菇生产应有粉碎机、电子秤、搅拌机、装袋（瓶）机、高压灭菌锅或常压灭菌锅、冷却室、接种室、离子净化器、超净工作台或接种箱、培养架、摇床、液体菌种罐、冰箱、显微镜等设备。

7 栽培技术

7.1 培养料

7.1.1 配方

见附录A。

7.1.2 拌料及装袋

将选用的主要干培养料（木屑、柠条粉、麦麸皮等）按比例混拌2～3遍，其他辅料如石膏、过磷酸钙等溶于水中，分批加入主要干培养料中，搅拌2～3遍，水分含量达到（60±2）%。

采用的栽培袋为（21～25）cm×（50～55）cm×（0.025～0.035）mm的聚乙烯塑料袋。装袋采用专门的装袋机或手工装袋，手工装袋需在出菇袋的一端中间打孔，直径1～1.5cm，孔深度15～20cm。

菌袋一端扎紧，另一端采用专用菌环封口，每袋装干料2～2.5kg。

7.1.3 装袋灭菌

常压灭菌时，在3h内使菌堆的温度达到100℃，保持100℃ 12～15h。

高压灭菌时，在121～123℃（0.12～0.13MPa）维持2.5h。

7.2 接种

接种前采用食用菌专用熏蒸药剂或离子器对接种室、工具、衣服、菌种、菌袋进行消毒处理，5h以后开始接种。

出菇袋温降至30℃以下时，在晴朗天气迅速将出菇袋转移至洁净接种室。

平菇菌种可分为液体菌种和固体菌种。在洁净环境中将菌种接入出菇袋两端。液体菌种每袋25～40mL，每侧10～20mL；固体菌种每袋50g左右，每侧25g左右。

接种完成后立刻封闭菌袋。

7.3 发菌管理

发菌可分为地摆式和层架式。

地摆式是将接种后的出菇袋均匀的摆放在发菌室内，夏季菌袋摆放高度5～6层，冬季发菌菌袋摆放7～8层，行距30～50cm。

层架式是将接种后的出菇袋均匀地摆放在发菌室的层架上，层架高2～2.5m，每层高60cm，每层摆放2～3层，层架间距50～60cm。

发菌要求黑暗通风，发菌室温度控制在23～25℃，20～25d菌丝发满菌袋，培养期间出菇袋袋间温度不超过28℃。

7.4 出菇管理

控制昼夜温差和光照，一般白天和夜间温差需求6～10℃，光照要求200～300lx，适当通风，菌袋两端纵向开口，空气湿度控制在80%～85%。

菌盖长大到1.5～2cm时，空气湿度提高到85%～90%，光照强度300～500lx，根据市场需求，子实体边缘近平时及时采收。

冬季或早春出菇码垛8～10层，夏季码垛4～5层。

采收后，清理菇脚并打扫场地，停水3～5d养菌。以后再按照上述管理，直到出菇3～5潮结束。

8 病虫害防治

8.1 病虫害防治总原则

遵循"预防为主，防治结合"的方针，优先选择农业防治、物理防治和生物防治，出菇期不宜使用化学农药。按GB/T 8321和NY 5099的规定使用农药。

8.2 平菇常见病虫害

8.2.1 病害

种类：木霉、青霉、毛霉、根霉、鬼伞、细菌性褐斑病等。

防治措施：接种过程中要严格执行无菌操作，做好接种室、养菌室等区域的灭菌工作，养菌期间发现轻度污染菌棒可灭菌后重复使用，重度污染菌棒要远离菌棒生产区域并深埋。

木霉、青霉、毛霉、根霉可用150倍液菌绝杀可湿性粉剂溶液浸洗菌袋或直接洒施覆盖病区；鬼伞一旦出现要立即拔除；细菌性褐斑病发现及时清除病菇，再向料面喷施5%石灰水澄清液，也可喷施链霉素液500～1 000倍液。

8.2.2 虫害

种类：眼菌蚊、菇蝇、螨类等。

防治措施：生产中常用物理方式进行前期防治，常用的有黄板、诱虫灯等。发生虫害要及时采用化学防治措施进行防治，眼菌蚊可诱虫灯或25%菊乐酯2 000倍液或阿维菌素500～1 000倍液喷施；菇蝇出菇前大量发生可向菌块喷施1%的氯化钾或氯化钠溶液，出菇后可采用鱼藤精、除虫菊酯、烟碱等低毒农药；螨类可喷洒锐劲特、菇净等。

9 采收

根据市场及用途，确定采收标准，适时采收，现场分级，直接包装或冷藏，尽量减少菇体损伤。

附录A

（资料性附录）
平菇生产常见培养基质配方

A.1　木屑78%，麦麸或细米糠20%，石膏1%，过磷酸钙1%，石灰水调节pH值至8.0~8.6。

A.2　柠条粉60%，玉米芯20%，麸子18%，石膏1%，过磷酸钙1%，石灰水调节pH值至8.0~8.6。

A.3　豆秸粉60%，玉米芯20%，麸子18%，石膏1%，过磷酸钙1%，石灰水调节pH值至8.0~8.6。

ICS 65.020.20

B 31

备案号：51189-2017

DB15

内 蒙 古 自 治 区 地 方 标 准

DB15/T 1060—2016

野生食用菌菌种制作技术规程

Regulation of Strain Manufacture for Wild Edible Fungi

2016-09-25 发布　　　　　　　　　　　2016-12-25 实施

内蒙古自治区质量技术监督局　　　发 布

前　言

本标准按照GB/T 1.1—2009给出的规则编写。

本标准由内蒙古自治区农牧业科学院提出。

本标准由内蒙古自治区农牧业厅归口。

本标准起草单位：内蒙古自治区农牧业科学院。

本标准主要起草人：孙国琴、庞杰、王勇、康立茹、解亚杰、张立华、于静、王海燕、孟虎、乔慧蕾、李亚娇。

野生食用菌菌种制作技术规程

1 范围

本标准规定了内蒙古可食用野生食用菌母种、原种和栽培种生产有关的定义、制作技术流程要点等。

本标准适用于蒙古口蘑（*Tricholoma mongolicum*）、污白蘑菇（*Agaricus excelleus*）、白磷蘑菇（*Agaricus bernardii*）、蘑菇（*Agaricus campestris*）、野蘑菇（*Agaricus arvensis*）、白环柄菇（*Lepiota alba*）、大肥蘑菇（*Agaricus bitorquis*）、大白桩菇（*Leucopaxillus giganteus*）、草原野蘑（*Agaricus campestris*）可食用野生食用菌母种、原种和栽培种菌种制作要求。

2 规范性引用文件

下列文件对于本文件的应用是必不可少的。凡是注日期的引用文件，仅所注日期的版本适用于本文件。凡是不注日期的引用文件，其最新版本（包括所有的修改单）适用于本文件。

GB 9688　食品包装用聚丙烯成型品卫生标准

GB 19170—2003　香菇菌种

NY/T 528—2010　食用菌菌种生产技术规程

NY/T 1731—2009　食用菌菌种良好作业规范

NY/T 1742—2009　食用菌菌种通用技术要求

3 术语和定义

下列定义和术语适用于本文件。

3.1

野生食用菌　wild edible fungi

能够形成大型肉质或胶质的子实体或菌核类组织并能供人们食用或药用的一类大型真菌。

3.2

菌种　spawn

生长在适宜基质上具结实性的菌丝培养物，包括母种、原种和栽培种。

［NY/T 528—2010，定义3.3］

3.3

母种　stock culture

经分离、杂交、诱变等各种方法选育得到的具有结实性的菌丝体纯培养物及其继代培养物，以试管和培养皿为培养容器和使用单位，也称为一级种、试管种。

［GB 19170—2003，定义3.1］

3.4

原种　pre-culture spawn

由母种移植、扩大培养而成的菌丝体纯培养物，常以玻璃菌种瓶或塑料菌种瓶或（12～17）cm×（22～28）cm聚丙烯塑料袋为容器，也称为二级种。

3.5

栽培种　spawn

由原种移植、扩大培养而成的菌丝体纯培养物，常以菌种瓶（玻璃瓶或塑料瓶）或17cm×33cm聚丙烯塑料袋为容器，栽培种只能用于栽培，不可再次扩大繁殖菌种，也称为三级种。

3.6

固体菌种　solid spawn

以富含木质素、纤维素和淀粉等天然有机物为主要原料，添加适量的有机氮源和无机盐类，具一定水分含量的培养基培养的纯菌丝体。

［GB/T 12728—2006，定义2.5.31］

4　菌种生产要求

4.1　人员

生产所需要的技术人员和检验人员应经过专业培训、掌握野生食用菌基础知识及食用菌生产技术规程要求的相应专业技术人员。

4.2　场地

菌种生产应选择地势高、通风良好、空气清新、水源近、排水通畅、交通便利的场所。300m之内无酿造厂、食用菌栽培场、集贸市场、规模养殖的畜禽舍、垃圾和粪便堆积场，无污水、废气、废渣、烟尘和粉尘等污染源。

菌种生产厂应有各自隔离的摊晒场、原材料库、配料分装库。配套有配料室、搅拌室、装袋（瓶）室、灭菌室、冷却室、接种室、培养室（通风好，有纱窗）、菌种检测室及菌种冷藏库等。冷却室、接种室、培养室应有离子净化设施。

4.3　生产设备

菌种生产应有粉碎机、电子秤、搅拌机、装袋（瓶）机、高压灭菌锅或常压灭菌锅、离子净化器、超净工作台或接种箱、恒温培养箱、培养架、摇床、液体菌种罐、冰箱、显微镜等设备。

5 母种生产

5.1 培养基

见附录A。

5.2 容器

试管选用18mm×180mm或者20mm×200mm；培养皿选用7～9cm玻璃培养皿或一次性塑料培养皿。

5.3 分装和灭菌

培养基降温到80℃以下即可分装。

5.3.1 试管分装和灭菌

分装培养基至试管1/4处，用棉塞或硅胶塞子封闭试管口，每5支试管为1把，牛皮纸包棉塞，橡皮筋扎紧，棉塞向上放置。棉塞应采用梳棉，不能使用脱脂棉。在121～124℃（0.11～0.14MPa）下灭菌25min。

灭菌后温度降到（65±5）℃时，在空气清洁的室内摆斜面，要求斜面长度不超过试管长度的2/3。

从摆好的试管中抽取3%～5%的试管，在28℃下培养48h，无微生物长出为灭菌合格。

5.3.2 培养皿分装和灭菌

培养基装入300～500mL三角瓶至刻度的2/3处，用带滤膜的封口膜封口后灭菌。培养皿用报纸包好，同时放入灭菌锅灭菌。121～124℃（0.11～0.14MPa）下灭菌25min。

灭菌后温度降到（65±5）℃时，在超净工作台内将三角瓶中的培养基装至培养皿中，培养基占培养皿高度的1/3～1/2。

5.4 接种

在超净工作台或接种箱内接种，接种前用紫外线灭菌灯照射30min，之后用75%酒精进行表面消毒。

接菌过程严格执行无菌操作，接种后及时做好标签。

接种的菌块3～5mm，接种在培养皿或试管的中部。培养皿需用石蜡膜密封。

5.5 培养

温度控制在22～30℃，空气湿度在75%以下，通风避光培养。

接种后第7天、第10天、第15天和长满培养基后分别进行检验，挑出未活、污染和生长不良的不合格培养物。检验方式应该是逐个检验。

6 原种、栽培种生产

6.1 培养基

见附录B。

6.1.1 容器

原种采用750mL以下、瓶口直径≤4cm、耐126℃高温的透明瓶子，或采用（12～17）cm×（22～24）cm×（0.04～0.05）mm的聚丙烯塑料袋。

栽培种采用同原种要求的瓶子，也可采用（15～17）cm×24cm×（0.04～0.05）mm的聚丙烯塑料袋。

以上聚丙烯塑料袋均要求符合GB 9688的要求。

6.1.2 装袋（瓶）

采用装袋（瓶）机或人工进行装袋（瓶），人工装袋（瓶）需用打孔器在袋口处打孔，孔直径1～1.5cm，深度为8～12cm，每袋（瓶）装培养基质500g。

6.1.3 灭菌

培养基质装袋（瓶）后4h内进行灭菌，灭菌可分为高压灭菌和常压灭菌。

高压灭菌：组合培养基在121～124℃（0.11～0.12MPa）下灭菌2h；粮食培养基在121～124℃（0.11～0.12MPa）下灭菌2.5h。

常压灭菌：在3h之内使灭菌温度达到100℃，保持100℃ 10～12h。

6.1.4 接种

原种、栽培种在超净工作台或接种箱内接种，接种前打开紫外线灭菌灯照射30min，接种时用75%酒精对超净工作台或接种箱进行表面擦拭消毒。每个原种接入母种块2～3cm；每个栽培种接种量不得少于15g。菌种都应从容器开口处接种，不应打孔多点接种。

每批接种应为单一品种，如中途换品种时采用75%酒精对超净工作台或接种箱进行表面擦拭消毒。

6.1.5 培养

温度控制在20～25℃，空气湿度在75%以下，通风避光培养。

6.1.6 贮存

在1～6℃下贮存，贮存期不超过50d。

7 检验、入库及留样

7.1 检验

7.1.1 母种感官要求见表1

表1 野生食用菌母种感官要求

<table>
<tr><td colspan="2">项目</td><td>要求</td></tr>
<tr><td colspan="2">容器</td><td>完整、无破损、无裂纹</td></tr>
<tr><td colspan="2">棉塞或无棉盖体</td><td>干燥、整洁、松紧适度、能满足透气和过滤要求</td></tr>
<tr><td rowspan="5">菌种外观</td><td>菌丝生长量</td><td>长满斜面或平板</td></tr>
<tr><td>菌丝体特征</td><td>洁白平整或淡黄色绒状</td></tr>
<tr><td>菌丝体分泌物</td><td>无</td></tr>
<tr><td>菌落边缘</td><td>整齐</td></tr>
<tr><td>杂菌菌落</td><td>无</td></tr>
<tr><td colspan="2">斜面背面外观</td><td>培养基不干缩、颜色均匀、无暗斑</td></tr>
</table>

7.1.2 原种感官要求见表2

表2 野生食用菌原种感官要求

<table>
<tr><td colspan="2">项目</td><td>要求</td></tr>
<tr><td colspan="2">容器</td><td>完整、无破损、无裂纹、洁净</td></tr>
<tr><td colspan="2">棉塞或无棉盖体</td><td>干燥、整洁、松紧适度、能满足透气和滤菌要求</td></tr>
<tr><td colspan="2">培养基上表面距瓶（袋）口的距离</td><td>（50±5）mm</td></tr>
<tr><td rowspan="7">菌种外观</td><td>菌丝生长量</td><td>长满容器</td></tr>
<tr><td>菌丝体特征</td><td>生长旺健</td></tr>
<tr><td>培养物表面菌丝体</td><td>生长均匀、无高温抑制线</td></tr>
<tr><td>培养基及菌丝体</td><td>紧贴瓶壁、无干缩</td></tr>
<tr><td>菌丝分泌物</td><td>允许少量无色至棕黄色水珠</td></tr>
<tr><td>杂菌菌落</td><td>无</td></tr>
<tr><td>子实体原基</td><td>无</td></tr>
</table>

7.1.3 栽培种感官要求见表3

表3 野生食用菌栽培种感官要求

项目		要求
容器		完整、无破损、无裂纹
棉塞或无棉盖体		干燥、整洁、松紧适度、能满足透气和滤菌要求
培养基上表面距瓶（袋）口的距离		（50±5）mm
菌种外观	菌丝生长量	洁白浓密、生长旺健
	菌丝体特征	生长均匀、无角变、无高温抑制线
	培养基及菌丝体	紧贴瓶壁、无干缩
	菌丝分泌物	允许少量无色至棕黄色水珠
	杂菌菌落	无
	子实体原基	无

7.2 入库

检验参照NY/T 1742和NY/T 1731的要求。母种检验完成后应及时入库，详细记录各生产环节，库房温度应该4～6℃，避光，适当通风但应该对空气进行杀菌处理。

母种在库中贮存时间不应长于50d，贮存时间超出50d的母种应该进行出菇检验后再进行后续生产。

7.3 留样

母种应留样，每批次留样3支试管，贮存在1～6℃，贮存至购买者购买后正常生产条件下出第一潮菇。

附录A

（资料性附录）

母种培养基配方

A.1 PDA改良培养基

A.1.1 麦麸100g加水600mL煮沸20min，滤液定容至500mL；新鲜无病去皮马铃薯200g加水600mL煮沸15min，滤液定容至500mL，二者混合，加入硫酸镁（$MgSO_4$）0.5g、磷酸二氢钾（KH_2PO_4）1g、葡萄糖10g、蔗糖10g、琼脂粉10～15g，煮沸至琼脂粉完全溶化，pH值自然。

A.1.2 新鲜无病去皮马铃薯200g加水1 200mL煮沸15min，滤液定容至1 000mL，加入蛋白胨1g、酵母粉1g、硫酸镁（$MgSO_4$）0.5g、磷酸二氢钾（KH_2PO_4）1g、葡萄糖10g、蔗糖10g、琼脂粉10～15g，煮沸至琼脂粉完全溶化，pH值自然。

A.1.3 100g麦粒加水1 200mL煮沸20min，滤液定容至1 000mL，加入硫酸镁（$MgSO_4$）0.5g、磷酸二氢钾（KH_2PO_4）1g、蛋白胨5g、蔗糖10g、葡萄糖10g、琼脂粉10～15g，pH值自然。

A.1.4 新鲜无病去皮马铃薯200g加水600mL煮沸15min，滤液定容至500mL；新鲜无霉变小麦粒100g加水600mL煮沸20min，滤液定容至500mL，二者混合，加入硫酸镁（$MgSO_4$）0.5g、磷酸二氢钾（KH_2PO_4）1g、蔗糖10g、琼脂粉10～15g，煮沸至琼脂粉完全溶化，pH值自然。

A.2 PDA培养基

新鲜无病去皮马铃薯200g加水1 200mL煮沸15min，滤液定容至1 000mL，加入硫酸镁（$MgSO_4$）0.5g、磷酸二氢钾（KH_2PO_4）1g、葡萄糖10g、蔗糖20g、琼脂粉10～15g，煮沸至琼脂粉完全溶化，pH值自然。

附录B
（资料性附录）
培养基质常见配方

B.1 粮食培养基

谷粒、麦粒或玉米粒90%，柠条粉、棉籽壳、木屑、玉米芯粉或豆秸粉9%，石膏1%，石灰水调节pH值至7.5～8.5，水分含量（50±2）%。

B.2 组合培养基

B.2.1 锯末79%，麸子20%，石膏1%，石灰水调节pH值至7.5～8.5，水分含量（60±2）%。

B.2.2 柠条粉60%，玉米芯20%，麸子19%，石膏1%，石灰水调节pH值至7.5～8.5，水分含量（60±2）%。

B.2.3 豆秸粉60%，玉米芯20%，麸子19%，石膏1%，石灰水调节pH值至7.5～8.5，水分含量（60±2）%。

B.2.4 柠条粉80%，麸子19%，石膏1%，石灰水调节pH值至7.5～8.5，水分含量（60±2）%。

ICS 65.020.20
B 05
备案号：51171-2017

DB15

内 蒙 古 自 治 区 地 方 标 准

DB15/T 1131—2017

灵芝高效栽培技术规程

Efficient Cultivation Technology Procedures for *Ganoderma lucidum*

2017-01-15发布   2017-04-15实施

内蒙古自治区质量技术监督局   发 布

前　言

本标准按照GB/T 1.1—2009给出的规则编写。

本标准由内蒙古自治区农牧业科学院提出。

本标准由内蒙古自治区农牧业厅归口。

本标准起草单位：内蒙古自治区农牧业科学院，内蒙古农业大学。

本标准主要起草人：于静、王海燕、孙国琴、王勇、庞杰、张立华、康立茹、解亚杰、李亚娇、乔慧蕾、杨杰。

灵芝高效栽培技术规程

1 范围

本标准规定了灵芝（*Ganoderma lucidum*）栽培相关的品种、场地选择、栽培技术、病虫害防治及采收等技术。

本标准适用于内蒙古自治区具有遮阳设备的温室、塑料大棚的灵芝栽培。

2 规范性引用文件

下列文件对于本文件的应用是必不可少的。凡是注日期的引用文件，仅注日期的版本适用于本文件。凡是不注日期的引用文件，其最新版本（包括所有的修改单）适用于本文件。

GB/T 8321.5　农药合理使用准则（五）

NY 5099　无公害食品　食用菌栽培基质安全技术要求

3 术语和定义

下列术语和定义适用于本文件。

3.1

灵芝　*Ganoderma lucidum*

隶属于担子菌门、层菌纲、无隔担子菌亚纲、非褶菌目、灵芝菌科、灵芝属、赤芝种的子实体。

3.2

菌种　spawn

通过生产试验验证具有特异性、均一性和稳定性，丰产性好、抗性强的菌株或品种，生长在适宜基质上具结实性的菌丝培养物，包括母种、原种和栽培种。

3.3

固体菌种　solid spawn

以富含木质素、纤维素和谷物粒等天然有机物为主要原料，添加适量的有机氮源和无机盐类，具一定水分含量的培养基培养的纯菌丝体。

3.4

熟料　sterilized substrate

经过常压或高压灭菌处理的灵芝栽培基质。

3.5

熟料栽培 cultivation on sterilized substrate

培养基质经过常压或高压灭菌处理后接入菌种进行菌丝体培养和出芝管理的栽培方式。

4 场地及厂房要求

4.1 场地要求

生产选择交通运输便利，地势较高，有充足的水源和电源，远离污染源，并具有可持续生产能力的农业生产区域。选择地势高，通风良好，排水通畅，交通便利的场所。1 000m之内无酿造厂、集贸市场、规模养殖的畜禽舍、垃圾和粪便堆积场，无污水、废气、废渣、烟尘和粉尘等污染源。

4.2 环境质量及厂房要求

生产厂应有各自隔离的摊晒场、原材料库、配料分装库。配套有配料室、搅拌室、装袋（瓶）室、灭菌室、冷却室、接种室、出菇棚（室）等。接种室应有环境净化设施。菇房应有配套的水源、通风、防虫和遮阳等设备。

5 生产设备

生产应有粉碎机、电子秤、搅拌机、装袋（瓶）机、高压灭菌锅或常压灭菌锅、离子净化器、超净工作台或接种箱、培养架等设备。

6 栽培技术

6.1 培养料

6.1.1 配方

参见附录A。

6.1.2 拌料及装袋

将选用的主要干培养料（木屑、柠条粉、麦麸皮等）按比例混拌均匀，其他辅料如石膏、过磷酸钙等溶于水中，分批加入主要干培养料中，搅拌2~3遍，水分含量达到（60±2）%。

栽培袋采用（21~25）cm×（50~55）cm×（0.025~0.035）mm的聚乙烯塑料袋。装袋采用专门的装袋机或手工装袋，手工装袋需在出菇袋的一端中间向下打孔或插入透气棒，直径1~1.5cm，孔深度15~20cm。菌袋一端扎紧，另一端采用专用菌环封口。每袋装料3~3.5kg。

6.1.3 灭菌

常压灭菌时，在3h内使菌堆的温度达到100℃，保持100℃ 12~15h。

高压灭菌时，在121~123℃（0.12~0.13MPa）保持2.5h。

6.2 接种

接种前采用食用菌专用熏蒸药剂或离子净化器对接种室、工具、衣服、菌种、菌袋进行消毒处理，5h以后开始接种。

栽培袋温降至30℃以下时，在晴朗天气迅速将栽培袋转移至洁净接种室。

在洁净环境中将固体菌种接入出菇袋两端，每侧25g左右。

接种完成后立刻封闭菌袋。

6.3 发菌管理

发菌可分为地摆式和层架式。

地摆式是将接种后的出菇袋均匀地摆放在发菌室内，夏季菌袋摆放高度5~6层，冬季发菌菌袋摆放7~8层，行距30~50cm。

层架式是将接种后的出菇袋均匀地摆放在发菌室的层架上，层架高2~2.5m，每层高60cm，每层摆放2~3层，层架间距50~60cm。

发菌要求黑暗通风，温度控制在22~26℃。每隔3~4d栽培袋上下移动一次，以保持每袋的料温平衡，检查杂菌污染。

6.4 出菇管理

6.4.1 出菇场准备

选择晴天翻地作畦，畦高10~15cm，宽为1.5~1.8m，长按地形定，去除杂草、碎石。

6.4.2 埋棒

去掉栽培袋的塑料袋、接种碎菌块、菌皮等。栽培棒间距5cm，行距10cm。排好后进行覆土，覆土厚度以栽培棒半露或不露为标准。

6.4.3 出菇环境

温度26~28℃，空气相对湿度80%~90%，并保持有散射光和充足的氧气。

7 病虫害防治

7.1 病虫害防治总原则

遵循"预防为主，防治结合"的方针，优先选择农业防治、物理防治和生物防治，出芝期不宜使用化学农药。按GB/T 8321.5和NY 5099规定使用农药。

7.2 灵芝常见病虫害

7.2.1 病害

种类：根霉（又称匍枝根霉、黑色面包霉）、曲霉、毛霉（俗称长毛霉）、链孢霉（又称红色面包霉或脉孢霉、串珠霉）等。

防治措施：接种过程中要严格执行无菌操作，做好接种室、养菌室等区域的灭菌工作，养菌期间发现轻度污染菌棒可灭菌后重复使用，重度污染菌棒要远离菌棒生产区域并深埋。出菇期间出现污染菌棒要及时清理并深埋。

7.2.2 虫害

种类：菇蝇、菇蚊、菌虱、线虫、跳虫、蛞蝓、蓟马、蝼蛄、伪步行虫、蛀板虫、四斑丽甲、白蚁。

防治措施：生产中常用物理方式进行防治，常用的有黄板、诱虫灯等。发生虫害要及时采用化学防治措施进行防治，主要有阿维菌素1.8%乳油500～1 000倍液喷施或喷施1%的氯化钾或氯化钠溶液等。

8 采收

子实体采收标准为菌盖不再增大，边缘有增厚层；菌盖表面的色泽一致。

孢子粉采收标准为菌盖有大量的褐色孢子弹射并且弹射量逐渐减少时。采收方法可以采用套筒采集法，将芝盖上的孢子粉刷下，然后将接粉薄膜上的孢子粉刷下，将收集好的孢子粉放置在干净的容器里。

附录A

（资料性附录）

灵芝生产常见培养基质配方

A.1　阔叶木屑80%，麸皮18%，过磷酸钙1%，石膏粉1%，石灰调节pH值至7.5～8.5。

A.2　柠条粉60%，玉米芯20%，麸皮18%，石膏1%，过磷酸钙1%，石灰调节pH值至7.5～8.5。

A.3　柠条粉84%，麸皮15%，石膏粉1%，石灰调节pH值至7.5～8.5。

ICS 65.020.20
B 05
备案号：51172-2017

DB15

内 蒙 古 自 治 区 地 方 标 准

DB15/T 1132—2017

猴头菇菌种制作技术规程

Regulation of Strain Manufacture for *Hericium erinaceus*

2017-01-15 发布   2017-04-15 实施

内蒙古自治区质量技术监督局   发 布

前　言

本标准按照GB/T 1.1—2009给出的规则编写。

本标准由内蒙古自治区农牧业科学院提出。

本标准由内蒙古自治区农牧业厅归口。

本标准起草单位：内蒙古自治区农牧业科学院。

本标准主要起草人：王海燕、孙国琴、庞杰、刘承普、康立茹、解亚杰、于静、李亚娇。

猴头菇菌种制作技术规程

1 范围

本标准规定了制作猴头菇（*Hericium erinaceus*）母种、原种和栽培种制作技术流程要点等。

本标准适用于猴头菇母种、原种和栽培种菌种制作要求。

2 规范性引用文件

下列文件对于本文件的应用是必不可少的。凡是注日期的引用文件，仅注日期的版本适用于本文件。凡是不注日期的引用文件，其最新版本（包括所有的修改单）适用于本文件。

NY/T 1731 食用菌菌种良好作业规范

NY/T 1742 食用菌菌种通用技术

3 术语和定义

下列术语和定义适用于本文件。

3.1

菌种 spawn

通过生产试验验证具有特异性、均一性和稳定性，丰产性好、抗性强的猴头菇菌株或品种，培养生长在适宜基质上具结实性的菌丝培养物，包括母种、原种和栽培种。

3.2

母种 stock culture

经各种方法选育得到的具有结实性的菌丝体纯培养物及其继代培养物，以玻璃试管或培养皿为培养容器和使用单位，也称为一级种、试管种。

3.3

原种 pre-culture spawn

由母种移植、扩大培养而成的菌丝体纯培养物，常以菌种瓶（玻璃菌种瓶或塑料菌种瓶）或聚丙烯塑料袋为容器，也称为二级种。

3.4

栽培种 spawn

由原种移植、扩大培养而成的菌丝体纯培养物，常以菌种瓶（玻璃瓶或塑料瓶）

或聚丙烯塑料袋为容器，栽培种只能用于扩大到栽培出菇袋或直接出菇，不可以再次扩大繁殖菌种，也称为三级种。

3.5

固体菌种　solid spawn

以富含木质素、纤维素和半纤维素或淀粉含量高的谷物粒等天然物为主要原料，添加适量的有机氮源和无机盐类，具一定水分含量的培养基培养的纯菌丝体。

3.6

液体菌种　liquid spawn

指采用与母种营养成分相同不加琼脂的液体培养基培养而得到的菌丝体，菌丝体在培养基中呈絮状或球状，液体菌种可以作为原种或栽培种直接接种在培养袋中。

4　菌种生产要求

4.1　人员

从事菌种生产的技术人员和检验人员应经过专业培训、掌握猴头菇基础知识及猴头菇菌种生产技术规程要求的相应专业技术人员。

4.2　场地、厂房要求

菌种生产应选择地势高，通风良好，空气清新，水源近，排水通畅，交通便利的场所。1 000m之内无酿造厂、集贸市场、规模养殖的畜禽舍、垃圾和粪便堆积场，无污水、废气、废渣、烟尘和粉尘等污染源。

菌种生产厂房应有隔离的摊晒场、原材料库、配料分装库。配套有配料室、搅拌室、装袋（瓶）室、灭菌室、冷却室、接种室、培养室（通风好，有纱窗）、菌种检测室及菌种冷藏库等各环节的设施。冷却室、接种室、培养室应有离子净化设施。

4.3　生产设备

菌种生产应有粉碎机、电子秤、拌料机、装袋（瓶）机、高压灭菌锅或常压灭菌锅、离子净化器、超净工作台或接种箱、恒温培养箱、培养架、摇床、生物显微镜等设备，生产液体菌种还应有液体菌种罐。

5　母种生产

5.1　培养基

参见附录A。

5.2　容器

试管规格为18mm×180mm或者20mm×200mm；培养皿选用直径7～9cm玻璃培养皿或一次性塑料培养皿。

5.3 培养基分装和灭菌

5.3.1 斜面培养基分装和灭菌

分装培养基至试管1/4处，用棉塞（应采用梳棉，不能使用脱脂棉）或硅胶塞封闭试管口，每5支试管为1把，牛皮纸包棉塞，橡皮筋扎紧，棉塞向上置于灭菌锅中。在121～124℃（0.11～0.12MPa）下灭菌25min。

灭菌后温度降到（65±5）℃时，在空气清洁的室内摆斜面，要求斜面长度不超过试管长度的2/3，冷却凝固后备用。从摆好的试管中抽取3%～5%的试管，在28℃下培养48h，无微生物长出为灭菌合格。

5.3.2 平板培养基分装和灭菌

培养基装入300～500mL三角瓶至刻度的2/3处，用带滤膜的封口膜封口后放入灭菌锅。玻璃培养皿用报纸包好，同时放入灭菌锅灭菌。在121～124℃（0.11～0.12MPa）下灭菌25min。

灭菌后温度降到（65±5）℃时，在超净工作台上将三角瓶中的培养基分装至培养皿中，培养基占培养皿高度的1/3～1/2，冷却凝固后备用。

5.4 接种

在超净工作台或接种箱内接种。接种前用紫外线灭菌灯照射30min后再用75%酒精进行表面消毒。

接菌过程严格执行无菌操作，接种后及时贴好标签并做好记录。

将3～5mm的菌种块接种在培养皿或试管的中部。培养皿用石蜡封口膜密封。

5.5 培养

在18～26℃，空气湿度在75%以下，通风避光培养。

接种后第3天、第5天和长满培养基后分别进行逐个检验，保留菌丝体生长健壮、洁白、浓密，菌落边缘整齐，无分泌物的母种，其余淘汰。

菌丝长满试管斜面或培养皿表面即可使用。

6 原种、栽培种生产

6.1 固体菌种

6.1.1 培养基

参见附录B。

6.1.2 容器

原种采用850mL以下、瓶口直径≤4cm、耐126℃高温的菌种瓶，或选用（12～17）cm×（22～28）cm×（0.04～0.05）mm的聚丙烯塑料袋。

栽培种采用和原种相同的菌种瓶，或选用（15～17）cm×（33～35）cm×（0.04～0.05）mm的聚丙烯塑料袋。

6.1.3 装袋（瓶）

采用装袋（瓶）机或人工进行装袋（瓶），人工装袋（瓶）用锥形木棍在袋口处打孔，孔直径1～1.5cm，深度为8～12cm，每袋（瓶）装干培养基500～600g。

6.1.4 灭菌

培养基装袋（瓶）后4h内进行灭菌，灭菌可分为高压灭菌和常压灭菌。

高压灭菌：组合培养基在121～124℃（0.11～0.14MPa）下灭菌2h；粮食培养基在121～124℃（0.11～0.14MPa）下灭菌2.5h。

常压灭菌：在3h之内使灭菌温度达到100℃，保持100℃10～12h。

6.1.5 接种

原种、栽培种在超净工作台或接种箱内接种，接种前打开紫外线灭菌灯照射30min，接种时用75%酒精对超净工作台或接种箱进行表面擦拭消毒。每瓶（袋）原种接入2～3cm大小母种1～2块；每瓶（袋）栽培种接入原种量不得少于15g。

要严格按无菌操作接种，每批接种应为单一品种，如中途换品种时采用75%酒精对超净工作台或接种箱进行表面擦拭消毒。

6.1.6 培养

在21～26℃，空气湿度在75%以下，通风避光培养。

6.1.7 贮存

原种和栽培种在0～4℃下贮存，贮存期不超过50d。

6.2 液体菌种生产

6.2.1 培养基

按附录A中规定。灭菌同5.3.2。

6.2.2 三角瓶液体菌种生产

采用150～500mL三角瓶，培养基添加至刻度的2/3处，用带滤膜的封口膜封口后灭菌。灭菌条件同5.3.2。

取3～5mm大小母种10～12块放进液体培养基中，培养温度16～26℃，振荡频率（搅拌速度）140～160r/min下振荡培养8～10d。

6.2.3 菌种罐液体菌种生产条件

6.2.3.1 装罐和灭菌

填装培养基至液体菌种罐2/3处，按照液体菌种罐说明书要求，对液体菌种罐和液体培养基灭菌，待液体培养基冷却至30℃以下时进行接种。

6.2.3.2 接种与培养

将培养好的三角瓶液体菌种接入液体菌种罐中，接种量为培养基总体积的8%～10%，培养温度（23±2）℃，搅拌转速150～160r/min，罐压0.04MPa，通风量0.7N·m³/h。培养时间3～5d。

7 检验、入库及留样

7.1 检验

7.1.1 母种感官要求见表1

表1 猴头菇母种感官要求

项目	要求
容器	完整、无损、洁净
棉塞或无棉盖体	干燥、整洁、松紧适度、能满足透气和过滤要求
培养基灌入量	为试管总容积的1/4，培养皿高的1/3~1/2
菌丝生长量	长满斜面或平板
菌丝体特征	菌丝体色泽洁白、平整、点片状或星芒状
菌丝体表面	均匀、舒展、平整
菌丝体分泌物	无
菌落边缘	整齐
杂菌菌落	无
斜面背面外观	培养基不干缩，颜色均匀，无暗斑、无色素

7.1.2 原种感官要求见表2

表2 猴头菇原种感官要求

项目	要求
容器	完整、无破损、洁净
棉塞或无棉盖体	干燥、整洁、松紧适度、能满足透气和滤菌要求
培养基上表面距瓶（袋）口的距离	（50±5）mm
菌丝生长量	长满容器
菌丝体特征	菌丝体白、生长旺健、整齐
培养物表面菌丝体	生长均匀、无高温抑制线
培养基及菌丝体	紧贴瓶壁、无干缩
菌丝分泌物	无、允许少量无色至棕黄色水珠
杂菌菌落	无
子实体原基	无

7.1.3 栽培种感官要求见表3

表3 猴头菇栽培种感官要求

项目	要求
容器	完整、无破损
棉塞或无棉盖体	干燥、整洁、松紧适度、能满足透气和滤菌要求
培养基上表面距瓶（袋）口的距离	（50±5）mm
菌丝生长量	长满容器
菌丝体特征	生长均匀、色泽一致、无角变、无高温抑制线
培养基及菌丝体	紧贴瓶壁、无干缩
菌丝分泌物	无
杂菌菌落	无
子实体原基	允许少量、出现原基种类≤5%

7.1.4 液体菌种感官要求见表4

表4 猴头菇液体菌种感官要求

项目	要求
容器	完整、无破损、无裂纹
菌丝生长量	培养基1/3～1/2
菌丝体特征	白色至透明块状、生长旺健
培养基	清澈、无杂色
杂菌	无杂菌

7.2 入库

检验参照NY/T 1742和NY/T 1731要求中关于猴头菇的论述要求。菌种检验完成后应及时入菌种库，详细记录各生产环节，菌种库温度保持在0～4℃，避光，适当通风但应该对空气进行消毒。

菌种在库中贮存时间不应长于50d，贮存时间超出50d的母种应进行出菇检验后再进行后续生产。

7.3 留样

菌种应留样，每批次留样3支试管，贮存在0～4℃，贮存至正常生产条件下出第一潮菇。

附录A
（资料性附录）
母种常用培养基配方

A.1 PDA改良培养基

A.1.1 麦麸100g加水600mL煮沸20min，取滤液500mL；新鲜无病去皮马铃薯200g加水600mL煮沸15min，取滤液500mL，二者混合，定容至1 000mL，加入硫酸镁（MgSO$_4$）0.5g、磷酸二氢钾（KH$_2$PO$_4$）1g、葡萄糖10g、蔗糖10g、琼脂粉10～15g（用少量凉水调成糊状），pH值自然。

A.1.2 新鲜无病去皮马铃薯200g加水1 200mL煮沸15min，取滤液再加入蛋白胨1g、酵母粉1g、硫酸镁（MgSO$_4$）0.5g、磷酸二氢钾（KH$_2$PO$_4$）1g、葡萄糖10g、蔗糖10g、琼脂粉10～15g（用少量凉水调成糊状），定容至1 000mL，pH值自然。

A.1.3 麦粒100g加水1 200mL煮沸15min，取滤液再加入硫酸镁（MgSO$_4$）0.5g、磷酸二氢钾（KH$_2$PO$_4$）1g、葡萄糖10g、蔗糖10g、蛋白胨5g、琼脂粉10～15g（用少量凉水调成糊状），定容至1 000mL，pH值自然。

A.1.4 新鲜无病去皮马铃薯200g加水600mL煮沸20min，取滤液500mL；100g小麦粒加水600mL煮沸15min，取滤液500mL，二者混合，定容至1 000mL，加入硫酸镁（MgSO$_4$）0.5g、磷酸二氢钾（KH$_2$PO$_4$）1g、蔗糖10g、琼脂粉10～15g（用少量凉水调成糊状），pH值自然。

A.2 PDA培养基

新鲜无病去皮马铃薯200g加水1 200mL煮沸20min，取滤液再加入硫酸镁（MgSO$_4$）0.5g、磷酸二氢钾（KH$_2$PO$_4$）1g、葡萄糖10g、蔗糖20g、琼脂粉10～15g（用少量凉水调成糊状），定容至1 000mL，pH值自然。

注：制作液体菌种培养基不加琼脂粉。

附录B

（资料性附录）
原种、栽培种常用培养基配方

B.1　粮食培养基

　　谷粒、麦粒或玉米粒90%，柠条粉、棉籽壳、木屑、玉米芯粉或豆秸粉9%，石膏1%，水分含量（50±2）%，石灰水调节pH值至6～7。

B.2　组合培养基

B.2.1　阔叶木屑58%，玉米芯21%，麸皮20%，石膏1%，水分含量（60±2）%，石灰水调节pH值至6～7。

B.2.2　柠条粉60%，玉米芯21%，麸皮18%，石膏1%，水分含量（60±2）%，石灰水调节pH值至6～7。

B.2.3　豆秸粉60%，玉米芯21%，麸皮18%，石膏1%，水分含量（60±2）%，石灰水调节pH值至6～7。

B.2.4　棉籽壳80%，麸皮19%，石膏1%，水分含量（60±2）%，石灰水调节pH值至6～7。

B.2.5　柠条粉80%，麸皮19%，石膏1%，水分含量（60±2）%，石灰水调节pH值至6～7。

ICS 65.020.20
B 05
备案号：52673-2017

DB15

内 蒙 古 自 治 区 地 方 标 准

DB15/T 1133—2017

猴头菇高效栽培技术规程

Regulation of Strain Manufacture for *Hericium erinaceus*

2017-01-15 发布　　　　　　　　　　　　2017-04-15 实施

内蒙古自治区质量技术监督局　　　发 布

前　言

本标准按照GB/T 1.1—2009给出的规则编写。

本标准由内蒙古自治区农牧业科学院提出。

本标准由内蒙古自治区农牧业厅归口。

本标准起草单位：内蒙古自治区农牧业科学院。

本标准主要起草人：王海燕、孙国琴、庞杰、解亚杰、康立茹、李亚娇、于静。

猴头菇高效栽培技术规程

1 范围

本标准规定了猴头菇（*Hericium erinaceus*）栽培相关的品种、场地选择、栽培技术、病虫害防治及采收等技术。

本标准适用于具有遮阳设备的温室、塑料大棚及专用菇房内的猴头菇栽培。

2 规范性引用文件

下列文件对于本文件的应用是必不可少的。凡是注日期的引用文件，仅注日期的版本适用于本文件。

凡是不注日期的引用文件，其最新版本（包括所有的修改单）适用于本文件。

GB/T 8321.5 农药合理使用准则（五）

NY 5099 无公害食品 食用菌栽培基质安全技术要求

3 术语和定义

下列术语和定义适用于本文件。

3.1

猴头菇 *Hericium erinaceus*

猴头菇，别名猴头蘑、刺猬菌、花菜菌、对脸蘑等，隶属于担子菌门（Basidiomycota）、层菌纲（Hymenomycetes）、非褶菌目（Polyporales）、猴头菌科（Hydnaceae）、猴头菌属（*Hericium*）的木腐菌。

3.2

菌种 spawn

通过生产试验验证，具有特异性、均一性和稳定性，丰产性好、抗性强的菌株或品种，生长在适宜基质上具结实性的菌丝培养物，包括母种、原种和栽培种。

3.3

固体菌种 solid spawn

以富含木质素、纤维素和半纤维素或淀粉含量高的谷物粒等天然有机物为主要原料，添加适量的有机氮源和无机盐类，具一定水分含量的培养基培养的纯菌丝体。

3.4

液体菌种 liquid spawn

指采用与母种营养成分相同不加琼脂的液体培养基培养而得到的纯菌丝体，菌丝体在培养基中呈絮状或球状，液体菌种可以作为原种或栽培种直接接种在培养袋中。

3.5

熟料 sterilized substrate

经高温（常压或高压）灭菌处理的栽培基质。

3.6

熟料栽培 cultivation on sterilized substrate

培养基质经过高温（常压或高压）灭菌处理后接种进行菌丝体培养和出菇管理的栽培方式。

4 场地及厂房要求

4.1 场地要求

生产场地总体应交通运输便利，地势较高，通风良好，有充足的水源和电源，远离污染源，并具有可持续生产能力的农业生产区域。1 000m之内无酿造厂、集贸市场、规模养殖的畜禽舍、垃圾和粪便堆积场，无污水、废气、废渣、烟尘和粉尘等污染源。

4.2 厂房要求

生产厂房应有各自隔离的摊晒场、原材料库、配料分装库。配套有配料室、搅拌室、装袋（瓶）室、灭菌室、接种室、出菇棚（室）等。接种室应有环境净化设施。出菇室应有配套的水源、通风、防虫和遮阳等设备。

5 生产设备

生产应有粉碎机、电子秤、搅拌机、装袋（瓶）机、高压灭菌锅或常压灭菌锅、离子净化器、超净工作台或接种箱、培养架、摇床、液体菌种罐、冰箱、显微镜等设备。

6 栽培技术

6.1 培养基质

6.1.1 原料

主要培养料应选用新鲜、无霉变的阔叶木屑、柠条、豆秸和玉米芯，柠条或豆秸加工成0.1cm×0.2cm×（1~1.5）cm草粉状为宜，玉米芯加工成玉米粒大小颗粒状。

6.1.2 配方

参见附录A。

6.1.3　栽培袋生产

6.1.3.1　拌料及装袋

将选用的主要干培养料（阔叶木屑、柠条粉、豆秸、玉米芯、麦麸皮等）按比例混拌均匀，其他辅料如石膏、石灰等溶于水中，分批加入主要干培养料中，搅拌均匀，水分含量达到（60±2）%。

栽培袋选用17cm×33cm×（0.04～0.05）mm的聚乙烯折角塑料袋。装袋机或手工进行装袋，每袋装混合培养料1～1.3kg。菌袋底部平整，一端用专用无棉盖体套环或海绵块封口。

6.1.3.2　灭菌

常压灭菌时，在3h内使菌堆的温度达到100℃，保持100℃ 10h。

高压灭菌时，在121～123℃（0.12～0.13MPa）保持2.5h。

6.2　接种

出菇袋温度降至30℃以下时，在晴朗天气迅速将出菇袋转移至洁净接种室。

接种前采用食用菌专用熏蒸药剂或离子器对接种室、工具、衣服、菌种、菌袋进行消毒处理，5h以后开始接种。

在洁净环境中迅速将栽培种接入出菇袋，每袋接菌种25g左右，接种完成后立即封口。

液体菌种接种方式与固体菌种相同，每穴接种液体菌种10～15mL。

6.3　发菌管理

堆垛式发菌菌袋摆放高度为5～6层，行距30～50cm。

层架式发菌培养架高2～2.5m，层架间距50～60cm，每层摆放4～5层。

发菌要求黑暗通风，温度控制在23～25℃，50～55d菌丝发满菌袋。接种7d后要检查出菇袋，及时清理污染栽培袋。接种10d后菌丝生长加快，培养袋内温度增高，此时应加强通风降温。

6.4　出菇管理

菌丝长满袋后将栽培袋移入出菇棚（房）内，摆放5～6层或放于床架上。猴头菇原基形成初期，应及时去掉袋口套环盖。

温度控制在16～23℃，空气相对湿度保持在85%～95%，光照强度300～500lx，适当通风。

当菌刺0.5～1cm即可采收。采收后，清理菇脚并打扫场地，停水3～5d养菌。以后再按照上述管理，直到出菇3～5潮结束。

7 病虫害防治

7.1 防治原则

遵循"预防为主，防治结合"的方针，优先选择农业防治、物理防治和生物防治，出菇期不宜使用化学农药。按GB/T 8321.5和NY 5099规定使用农药。

7.2 常见病虫害

7.2.1 病害

种类：木霉、青霉、毛霉、根霉、链孢霉、细菌性褐斑病等。

防治措施：保持接种室和培养室及周边洁净，做好接种室、养菌室等区域的清洁灭菌工作，接种过程中要严格执行无菌操作，养菌期间发现轻度污染菌棒可重新高温灭菌后再接入菌种进行培养，重度污染菌棒要远离菌棒生产区域并深埋。出菇期间出现污染菌棒要及时清理并深埋。

7.2.2 虫害

种类：菇蚊、菇蝇、螨类等。

防治措施：发生虫害要及时采用化学防治措施进行防治，主要有阿维菌素1.8%乳油500～1 000倍液喷施或喷施1%的氯化钾或氯化钠溶液等。

8 采收和保存

8.1 采收

菌刺长到0.5～1cm、孢子弹射之前即可采收。

8.2 保存

鲜菇采收后，去除附带的培养基等杂质和过长的菇柄，按子实体大小分放分级，保存在0～4℃鲜销或晒干。

附录A

（资料性附录）
母种常用培养基配方

A.1 柠条30%，玉米芯56%，麸皮13%，石膏1%，调节含水量至60%～62%，用石灰调节pH值至6.5左右。

A.2 大豆秸40%，玉米芯46%，麸皮13%，石膏1%，调节含水量至60%～62%，用石灰调节pH值至6.5左右。

A.3 阔叶木屑85%，麸皮14%，石膏1%，调节含水量至60%～62%，用石灰调节pH值至6.5左右。

ICS 65.020.20

B 05

备案号：52674-2017

DB15

内 蒙 古 自 治 区 地 方 标 准

DB15/T 1134—2017

玉皇菇菌种制作技术规程

Regulation of Strain Manufacture for *Pleurotus citrinopileatus*

2017-01-15 发布 2017-04-15 实施

内蒙古自治区市场监督管理局　　发 布

前　言

本标准按照GB/T 1.1—2009给出的规则编写。

本标准由内蒙古自治区农牧业科学院提出。

本标准由内蒙古自治区农牧业厅归口。

本标准起草单位：内蒙古自治区农牧业科学院。

本标准主要起草人：庞杰、孙国琴、王海燕、王勇、张立华、刘文、解亚杰、李亚娇、康立茹、乔慧蕾、于静、杨杰。

玉皇菇菌种制作技术规程

1 范围

本标准规定了制作玉皇菇（*Pleurotus citrinopileatus*）母种、原种和栽培种制作技术流程要点等。

本标准适用于玉皇菇母种、原种和栽培种菌种制作要求。

2 规范性引用文件

下列文件对于本文件的应用是必不可少的。凡是注日期的引用文件，仅所注日期的版本适用于本文件。凡是不注日期的引用文件，其最新版本（包括所有的修改单）适用于本文件。

NY/T 1731　食用菌菌种良好作业规范

NY/T 1742　食用菌菌种通用技术

3 术语和定义

下列术语和定义适用于本文件。

3.1

菌种　spawn

通过生产试验验证具有特异性、均一性和稳定性，丰产性好、抗性强的玉皇菇菌株或品种，培养生长在适宜基质上具结实性的菌丝培养物，包括母种、原种和栽培种。

3.2

母种　stock culture

经各种方法选育得到的具有结实性的菌丝体纯培养物及其继代培养物，以玻璃试管或培养皿为培养容器和使用单位，也称为一级种、试管种。

3.3

原种　pre-culture spawn

由母种移植、扩大培养而成的菌丝体纯培养物，常以菌种瓶（玻璃菌种瓶或塑料菌种瓶）或聚丙烯塑料袋为容器，也称为二级种。

3.4

栽培种　spawn

由原种移植、扩大培养而成的菌丝体纯培养物，常以菌种瓶（玻璃瓶或塑料瓶）

或聚丙烯塑料袋为容器，栽培种只能用于扩大到栽培出菇袋或直接出菇，不可以再次扩大繁殖菌种，也称为三级种。

3.5

固体菌种　solid spawn

以富含木质素、纤维素和淀粉等天然物为主要原料，添加适量的有机氮源和无机盐类，具一定水分含量的培养基培养的纯菌丝体。

3.6

液体菌种　liquid spawn

指采用与母种营养成分相同不加琼脂的液体培养基培养而得到的菌丝体，菌丝体在培养基中呈絮状或球状，液体菌种可以作为原种或栽培种直接接种在培养袋中。

4　菌种生产要求

4.1　人员

从事菌种生产的技术人员和检验人员应经过专业培训、掌握玉皇菇基础知识及玉皇菇菌种生产技术规程要求的相应专业技术人员。

4.2　场地、厂房

4.2.1　菌种生产应选择地势高，通风良好，空气清新，水源近，排水通畅，交通便利的场所。1 000m之内无酿造厂、食用菌栽培场、集贸市场、规模养殖的畜禽舍、垃圾和粪便堆积场，无污水、废气、废渣、烟尘和粉尘等污染源。

4.2.2　菌种生产厂房应有隔离的摊晒场、原材料库、配料分装库。配套有配料室、搅拌室、装袋（瓶）室、灭菌室、冷却室、接种室、培养室（通风好，有纱窗）、菌种检测室及菌种冷藏库等各环节的设施。冷却室、接种室、培养室应有离子净化设施。

4.3　生产设备

菌种生产应有粉碎机、电子秤、拌料机、装袋（瓶）机、高压灭菌锅或常压灭菌锅、离子净化器、超净工作台或接种箱、恒温培养箱、培养架、摇床、生物显微镜等设备，生产液体菌种还应有液体菌种罐。

5　母种生产

5.1　培养基

参见附录A。

5.2　容器

试管规格为18mm×180mm或者20mm×200mm；培养皿选用直径7～9cm玻璃培养皿或一次性塑料培养皿。

5.3 培养基分装和灭菌

5.3.1 斜面培养基分装和灭菌

5.3.1.1 分装培养基至试管1/4处，用棉塞（应采用梳棉，不能使用脱脂棉）或硅胶塞封闭试管口，每5支试管为1把，牛皮纸包棉塞，橡皮筋扎紧，棉塞向上置于灭菌锅中。在121～124℃（0.11～0.12MPa）下灭菌25min。

5.3.1.2 灭菌后温度降到（65±5）℃时，在空气清洁的室内摆斜面，要求斜面长度不超过试管长度的2/3，冷却凝固后备用。从摆好的试管中抽取3%～5%的试管，在28℃下培养48h，无微生物长出为灭菌合格。

5.3.2 平板培养基分装和灭菌

5.3.2.1 培养基装入300～500mL三角瓶至刻度的2/3处，用带滤膜的封口膜封口后放入灭菌锅。玻璃培养皿用报纸包好，同时放入灭菌锅灭菌。在121～124℃（0.11～0.12MPa）下灭菌25min。

5.3.2.2 灭菌后温度降到（65±5）℃时，在超净工作台上将三角瓶中的培养基分装至培养皿中，培养基占培养皿高度的1/3～1/2，冷却凝固后备用。

5.4 接种

5.4.1 在超净工作台或接种箱内接种。接种前用紫外线灭菌灯照射30min后再用75%酒精进行表面消毒。

5.4.2 接菌过程严格执行无菌操作，接种后及时贴好标签并做好记录。

5.4.3 将3～5mm的菌种块接种在培养皿或试管的中部。培养皿用石蜡封口膜密封。

5.5 培养

5.5.1 在18～26℃，空气湿度在75%以下，通风避光培养。

5.5.2 接种后第3天、第5天和长满培养基后分别进行逐个检验，保留菌丝体生长健壮、洁白、浓密，菌落边缘整齐，无分泌物的母种，其余淘汰。

5.5.3 菌丝长满试管斜面或培养皿表面即可使用。

6 原种、栽培种生产

6.1 培养基

参见附录B。

6.2 容器

6.2.1 原种采用50mL以下、瓶口直径≤4cm、耐126℃高温的菌种瓶，或选用（12～17）cm×（22～28）cm×（0.04～0.05）mm的聚丙烯塑料袋。

6.2.2 栽培种采用和原种要求的菌种瓶，也可采用（15～17）cm×（33～35）cm×（0.04～0.05）mm的聚丙烯塑料袋。

6.3 装袋（瓶）

采用装袋（瓶）机或人工进行装袋（瓶），人工装袋（瓶）需用锥形木棍在袋口处打孔，孔直径1～1.5cm，深度为8～12cm，每袋（瓶）装干培养基500～600g。

6.4 灭菌

6.4.1 培养基装袋（瓶）后4h内进行灭菌，灭菌可分为高压灭菌和常压灭菌。

6.4.2 高压灭菌：组合培养基在121～124℃（0.11～0.14MPa）下灭菌2h；粮食培养基在121～124℃（0.11～0.14MPa）下灭菌2.5h。

6.4.3 常压灭菌：在3h之内使灭菌温度达到100℃，保持100℃ 10～12h。

6.5 接种

6.5.1 原种、栽培种在超净工作台或接种箱内接种，接种前打开紫外线灭菌灯照射30min，接种时用75%酒精对超净工作台或接种箱进行表面擦拭消毒。每瓶（袋）原种接入2～3cm大小母种1～2块；每瓶（袋）栽培种接入原种量不得少于15g。

6.5.2 要严格按无菌操作接种，每批接种应为单一品种，如中途换品种时采用75%酒精对超净工作台或接种箱进行表面擦拭消毒。

6.6 培养

在21～26℃，空气湿度在75%以下，通风避光培养。

6.7 贮存

原种和栽培种在0～4℃下贮存，贮存期不超过50d。

7 检验、入库及留样

7.1 检验

7.1.1 母种感官要求见表1

表1 玉皇菇母种感官要求

项目	要求
容器	完整、无损、洁净
棉塞或无棉盖体	干燥、整洁、松紧适度、能满足透气和过滤要求
培养基灌入量	为试管总容积的1/4，培养皿高的1/3～1/2
菌丝生长量	长满斜面或平板
菌丝体特征	洁白、浓密、旺健
菌丝体表面	均匀、舒展、平整
菌丝体分泌物	无
菌落边缘	整齐
杂菌菌落	无
斜面背面外观	培养基不干缩，颜色均匀，无暗斑、无色素

7.1.2 原种感官要求见表2

表2 玉皇菇原种感官要求

项目	要求
容器	完整、无破损、洁净
棉塞或无棉盖体	干燥、整洁、松紧适度、能满足透气和滤菌要求
培养基上表面距瓶（袋）口的距离	（50±5）mm
菌丝生长量	长满容器
菌丝体特征	洁白浓密，生长旺健
培养物表面菌丝体	生长均匀、无高温抑制线
培养基及菌丝体	紧贴瓶壁、无干缩
菌丝分泌物	无、允许少量无色至棕黄色水珠
杂菌菌落	无
子实体原基	无

7.1.3 栽培种感官要求见表3

表3 玉皇菇栽培种感官要求

项目	要求
容器	完整、无破损
棉塞或无棉盖体	干燥、整洁、松紧适度、能满足透气和滤菌要求
培养基上表面距瓶（袋）口的距离	（50±5）mm
菌丝生长量	长满容器
菌丝体特征	生长均匀、色泽一致、无角变、无高温抑制线
培养基及菌丝体	紧贴瓶壁、无干缩
菌丝分泌物	无
杂菌菌落	无
子实体原基	允许少量、出现原基种类≤5%

7.2 入库

7.2.1 检验参照NY/T 1731和NY/T 1742。菌种检验完成后应及时入菌种库，详细记录各生产环节，菌种库温度保持在0～4℃，避光，适当通风但应该对空气进行消毒。

7.2.2 菌种在库中贮存时间不应长于50d，贮存时间超出50d的母种应该进行出菇检验后再进行后续生产。

7.3 留样

菌种应留样，每批次留样3支试管，贮存在0～4℃，贮存至正常生产条件下出第一潮菇。

附录A
（资料性附录）
母种常用培养基配方

A.1　新鲜无霉变的麦粒100g加水1 200mL煮沸15min，取滤液再加入硫酸镁（MgSO$_4$）0.5g、磷酸氢二钾（K$_2$HPO$_4$）1g、蛋白胨1g、蔗糖10g、葡萄糖10g、琼脂粉10～15g（用少量凉水调成糊状），定容至1 000mL，pH值自然。

A.2　新鲜无病去皮马铃薯200g加水600mL煮沸20min，取滤液500mL；新鲜无霉变的麦粒100g加水600mL煮沸15min，取滤液500mL，二者混合，定容至1 000mL，加入硫酸镁（MgSO$_4$）0.5g、磷酸氢二钾（K$_2$HPO$_4$）1g、蔗糖10g、琼脂粉10～15g（用少量凉水调成糊状），pH值自然。

A.3　新鲜无病去皮马铃薯200g加水1 200mL煮沸20min，取滤液再加入硫酸镁（MgSO$_4$）0.5g、磷酸氢二钾（K$_2$HPO$_4$）1g、蛋白胨1g、蔗糖10g、葡萄糖10g、琼脂粉10～15g（用少量凉水调成糊状），定容至1 000mL，pH值自然。

A.4　新鲜无病去皮马铃薯200g加水1 200mL煮沸20min，取滤液再加入蔗糖20g、琼脂粉10～15g（用少量凉水调成糊状），定容至1 000mL，pH值自然。

ICS 65.020.20

B 05

备案号：52675-2017

DB15

内 蒙 古 自 治 区 地 方 标 准

DB15/T 1135—2017

玉皇菇高效栽培技术规程

Efficient Cultivation Technology Procedures for *Pleurotus citrinopileatus*

2017-01-15 发布　　　　　　　　　　　　2017-04-15 实施

内蒙古自治区质量技术监督局　　　发 布

前　言

本标准按照GB/T 1.1—2009给出的规则编写。

本标准由内蒙古自治区农牧业科学院提出。

本标准由内蒙古自治区农牧业厅归口。

本标准起草单位：内蒙古自治区农牧业科学院。

本标准主要起草人：庞杰、孙国琴、王海燕、王勇、张立华、刘文、解亚杰、康立茹、李亚娇、于静、杨杰、乔慧蕾。

玉皇菇高效栽培技术规程

1 范围

本标准规定了玉皇菇（*Pleurotus citrinopileatus*）栽培相关的场地选择、栽培技术、病虫害防治及采收等技术。

本标准适用于具有遮阳设备的温室、塑料大棚及专用菇房内的玉皇菇栽培。

2 规范性引用文件

下列文件对于本文件的应用是必不可少的。凡是注日期的引用文件，仅所注日期的版本适用于本文件。凡是不注日期的引用文件，其最新版本（包括所有的修改单）适用于本文件。

GB/T 8321.5 农药合理使用准则（五）

NY 5099 无公害食品 食用菌栽培基质安全技术要求

3 术语和定义

下列术语和定义适用于本文件。

3.1

玉皇菇 *Pleurotus citrinopileatus*

玉皇菇，又称金顶侧耳、榆黄菇、榆黄蘑、玉皇蘑、黄蘑等，隶属于担子菌门（Basidiomycota）、层菌纲（Hymenomycetes）、伞菌目（Agaricales）、侧耳科（Plenrotaceae）、侧耳属（*Pleurotus*）。

3.2

菌种 spawn

通过生产试验验证具有特异性、均一性和稳定性，丰产性好、抗性强的菌株或品种，生长在适宜基质上具结实性的菌丝培养物，包括母种、原种和栽培种。

3.3

固体菌种 solid spawn

以富含木质素、纤维素和淀粉等天然有机物为主要原料，添加适量的有机氮源和无机盐类，具一定水分含量的培养基培养的纯菌丝体。

3.4

熟料 sterilized substrate

经常压或高压灭菌处理的栽培基质。

3.5

熟料栽培 cultivation on sterilized substrate

培养基质经过常压或高压灭菌处理后接种进行菌丝体培养和出菇管理的栽培方式。

4 场地及厂房要求

4.1 场地要求

生产选择交通运输便利，地势较高，有充足的水源和电源，远离污染源，并具有可持续生产能力的农业生产区域。玉皇菇生产选择地势高，通风良好，排水通畅，交通便利的场所。1 000m之内无酿造厂、集贸市场、规模养殖的畜禽舍、垃圾和粪便堆积场，无污水、废气、废渣、烟尘和粉尘等污染源。

4.2 厂房要求

生产厂应有各自隔离的摊晒场、原材料库、配料分装库。配套有配料室、搅拌室、装袋（瓶）室、灭菌室、接种室、出菇棚（室）等。接种室应有环境净化设施。菇房应有配套的水源、通风、防虫和遮阳等设备。

5 生产设备

生产应有粉碎机、电子秤、搅拌机、装袋（瓶）机、高压灭菌锅或常压灭菌锅、冷却室、接种室、离子净化器、超净工作台或接种箱、培养架等设备。

6 栽培技术

6.1 培养料

6.1.1 配方

参见附录A。

6.1.2 拌料及装袋

6.1.2.1 将选用的主要干培养料（木屑、柠条粉、麦麸皮等）按比例混拌均匀，其他辅料如石膏、过磷酸钙等溶于水中，分批加入主要干培养料中，搅拌2～3遍，水分含量达到（60±2）%。

6.1.2.2 栽培袋采用（21～25）cm×（50～55）cm×（0.025～0.035）mm的聚乙烯塑料袋。装袋采用专门的装袋机或手工装袋，手工装袋需在出菇袋的一端中间向下打孔或插入透气棒，直径1～1.5cm，孔深度15～20cm。菌袋一端扎紧，另一端采用专用菌环封口。每袋装料3～3.5kg。

6.1.3 装袋灭菌

6.1.3.1 常压灭菌时，在3h内使菌堆的温度达到100℃，保持100℃ 12～15h。

6.1.3.2 高压灭菌时，在121～123℃（0.12～0.13MPa）保持2.5h。

6.2 接种

6.2.1 接种前采用食用菌专用熏蒸药剂或离子净化器对接种室、工具、衣服、菌种、菌袋进行消毒处理，5h以后开始接种。

6.2.2 栽培袋温降至30℃以下时，在晴朗天气迅速将栽培袋转移至洁净接种室。

6.2.3 在洁净环境中将固体菌种接入出菇袋两端，每侧25g左右。

6.2.4 接种完成后立刻封闭菌袋。

6.3 发菌管理

6.3.1 发菌可分为地摆式和层架式。

6.3.2 地摆式是将接种后的出菇袋均匀的摆放在发菌室内，夏季菌袋摆放高度5～6层，冬季发菌菌袋摆放7～8层，行距30～50cm。

6.3.3 层架式是将接种后的出菇袋均匀的摆放在发菌室的层架上，层架高2～2.5m，每层高60cm，每层摆放2～3层，层架间距50～60cm。

6.3.4 发菌要求黑暗通风，温度控制在20～23℃，25～30d菌丝发满菌袋。

6.4 出菇管理

6.4.1 冬季或早春出菇码垛8～10层，夏季码垛4～5层。

6.4.2 一般白天和夜间温差需求6～10℃，光照要求400～600lx，适当通风，菌袋两端纵向开口，空气湿度控制在85%～95%。

6.4.3 根据市场需求，子实体边缘近平时及时采收。采收后，清理菇脚并打扫场地，停水3～5d养菌。以后再按照上述管理，直到出菇3～5潮结束。

7 病虫害防治

7.1 防治原则

遵循"预防为主，防治结合"的方针，优先选择农业防治、物理防治和生物防治，出菇期不宜使用化学农药。按GB/T 8321.5和NY 5099规定使用农药。

7.2 常见病虫害

7.2.1 病害

7.2.1.1 种类：木霉、青霉、毛霉、根霉、鬼伞、细菌性褐斑病等。

7.2.1.2 防治措施：接种过程中要严格执行无菌操作，做好接种室、养菌室等区域的灭菌工作，养菌期间发现轻度污染菌棒可灭菌后重复使用，重度污染菌棒要远离菌棒生产区域并深埋。出菇期间出现污染菌棒要及时清理并深埋。

7.2.2 虫害

7.2.2.1 种类：眼菌蚊、菇蝇、螨类等。

7.2.2.2 防治措施：发生虫害要及时采用化学防治措施进行防治，主要有阿维菌素1.8%乳油500～1 000倍液喷施或喷施1%的氯化钾或氯化钠溶液等。

8 采收和保存

8.1 采收

根据市场及用途，确定采收标准，适时采收，现场分级，直接包装或冷藏，尽量减少菇体损伤。

8.2 保存

鲜菇采收后，去除附带的培养基等杂质，按子实体大小分放，保存在0～4℃，保存过程中注意保湿。

附录A
（资料性附录）
玉皇菇生产常见栽培培养基配方

A.1 阔叶木屑78%，麦麸或细米糠20%，石膏1%，过磷酸钙1%，石灰调节pH值至8.0～8.6。

A.2 柠条粉60%，玉米芯20%，麦麸18%，石膏1%，过磷酸钙1%，石灰调节pH值至8.0～8.6。

A.3 豆秸粉60%，玉米芯20%，麦麸18%，石膏1%，过磷酸钙1%，石灰调节pH值至8.0～8.6。

A.4 玉米芯71%，麦麸20%，玉米面粉3%，石膏1%，石灰调节pH值至8.0～8.6。

A.5 玉米芯75%，米糠23%，玉米面粉3%，石膏1%，石灰调节pH值至8.0～8.6。

A.6 玉米芯44%，豆秸粉35%，麦麸20%，石膏1%，石灰调节pH值至8.0～8.6。

ICS 65. 020. 01

B 30

DB15

内 蒙 古 自 治 区 地 方 标 准

DB15/T 1622—2019

白灵菇菌种生产技术规程

Regulation of Strain Manufacture for *Pleurotus nebrodensis*

2019-04-10发布

2019-07-10实施

内蒙古自治区市场监督管理局　　发 布

前　言

本标准按照GB/T 1.1—2009给出的规则编写。

本标准由内蒙古自治区农牧业科学院提出。

本标准由内蒙古自治区农业标准化技术委员会（SAM/TC 20）归口。

本标准起草单位：内蒙古自治区农牧业科学院、食用菌内蒙古自治区工程研究中心。

本标准主要起草人：孙国琴、庞杰、王海燕、于传宗、解亚杰、宋秀敏、潘永圣、高天云、李亚娇、郭俊波、云利俊、成建宏。

白灵菇菌种生产技术规程

1 范围

本标准规定了白灵菇（*Pleurotus nebrodensis*）母种、原种和栽培种生产有关的定义、制作技术流程要点等。

本标准适用于工厂化生产企业和合作社生产白灵菇母种、原种和栽培种。

2 术语和定义

下列术语和定义适用于本文件。

2.1

白灵菇 *Pleurotus nebrodensis*

白灵菇（*Pleurotus nebrodensis*）又称翅鲍菇、百灵芝菇、克什米尔神菇、阿魏蘑、阿威侧耳、阿魏菇、雪山灵芝、鲍鱼菇等。隶属于侧耳属，是一种食用和药用价值都很高的珍稀食药用木腐真菌，通体洁白、肉质细腻、味道鲜美。

2.2

菌种 **spawn**

菌丝体生长在适宜基质上具结实性的菌丝培养物。分为母种（一级种）、原种（二级种）和栽培种（三级种）三级。

2.3

母种 **stock culture**

经组织分离、孢子分离等方式获得的具有结实性的菌丝体纯培养物及其继代培养物，以玻璃试管或培养皿为培养容器和使用单位，也称为一级种、试管种。

2.4

原种 **pre-culture spawn**

由母种移植、扩大培养而成的菌丝体纯培养物，也称为二级种。

2.5

栽培种 **spawn**

由原种移植、扩大培养而成的菌丝体纯培养物，也称为三级种。栽培种只能用于扩大到栽培出菇袋或直接出菇，不可以再次扩大繁殖菌种。

2.6

固体菌种 solid spawn

以富含木质素、纤维素和半纤维素或淀粉含量高的谷物粒等天然有机物为主要原料，添加适量的有机氮源和无机盐类，具一定水分含量的培养基培养的纯菌丝体，是传统食用菌生产使用菌种状态，也用于菌种保存。

2.7

液体菌种 liquid spawn

培养基营养成分与母种相同、不加琼脂的液体培养基，通过摇瓶振荡培养或深层发酵技术快速获得的大量的纯双核菌丝体，菌丝体在液体培养基中呈絮状或球状。液体菌种可以作为原种或栽培种直接接种在固体培养袋中，不能进行菌种保存。

3 生产要求

3.1 人员

经过专业培训、掌握白灵菇基础知识及白灵菇菌种生产技术规程要求的技术人员和检验人员。

3.2 环境

3.2.1 应选择地势高，通风良好，空气清新，水源近，排水通畅，交通便利的场所。

3.2.2 300m之内无酿造厂、食用菌栽培场、集贸市场、规模养殖的畜禽舍、垃圾和粪便堆积场，无污水、废气、废渣、烟尘和粉尘等污染源。

3.3 设施

菌种生产厂房要求有各自隔离的摊晒场、原材料库、配料分装库。配套有配料室、搅拌室、装袋（瓶）室、灭菌室、冷却室、接种室、培养室（通风好，有纱窗）、菌种检测室及菌种冷藏库等各环节的设施。冷却室、接种室、培养室都要有离子净化设施。

3.4 设备

需要粉碎机、电子秤、搅拌机、装袋（瓶）机、高压灭菌锅或常压灭菌锅、离子净化器、超净工作台或接种箱、恒温培养箱、培养架、摇床、液体菌种罐（30～250L）、显微镜等设备。

3.5 容器

3.5.1 母种生产容器

试管选用18mm×180mm或者20mm×200mm；培养皿选用直径7～9cm玻璃培养皿或一次性塑料培养皿。

3.5.2 原种、栽培种生产容器

3.5.2.1 固体菌种生产容器

原种采用850mL以下、瓶口直径≤4cm、耐126℃高温的透明瓶子，或采用

（12～17）cm×（22～28）cm的聚丙烯塑料袋。

栽培种采用同原种要求相同的瓶子，也可采用（15～17）cm×（33～35）cm的聚丙烯塑料袋。

3.5.2.2 液体菌种生产容器

三角瓶液体菌种容器：采用150～500mL三角瓶，带滤膜的封口膜。

液体菌种罐：采用专业厂家生产的液体菌种罐。

3.6 培养原料

3.6.1 硫酸镁、磷酸二氢钾、蛋白胨、蔗糖、葡萄糖、石膏、琼脂粉等均采用分析纯。

3.6.2 马铃薯、麦粒、谷粒、玉米粒、柠条粉、棉籽壳、木屑、玉米芯粉、豆秸粉要求无霉变。

4 母种生产

4.1 生产流程

见示例图1。

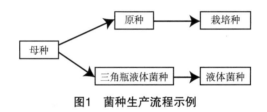

图1 菌种生产流程示例

4.2 培养基

以下培养基任选其一：

——新鲜无病去皮切片马铃薯200g加水1 200mL煮沸20min，滤液定容至1 000mL，加入硫酸镁0.5g、磷酸氢二钾1g、蛋白胨1g、蔗糖10g、葡萄糖10g、琼脂粉8～10g，pH值自然。

——新鲜无病去皮切片马铃薯200g加水600mL煮沸20min，滤液定容至500mL；新鲜无霉变的麦粒100g加水600mL煮沸20min，滤液定容至500mL，二者混合，加入硫酸镁0.5g、磷酸氢二钾1g、蔗糖20g、葡萄糖10g、琼脂粉8～10g，pH值自然。

4.3 分装、灭菌

母种培养基温度降到90℃即可分装至不同容器。

4.3.1 试管母种生产

4.3.1.1 分装

母种培养基至试管1/4处，塞上棉塞（硅胶塞），用牛皮纸将试管5支一把包扎，棉塞（硅胶塞）向上放入灭菌筐内等待灭菌。

4.3.1.2 灭菌

121~122℃（0.11~0.12MPa）保持25min。

4.3.1.3 冷却

灭菌完毕后自然降压，降温至（65±5）℃时取出试管，在空气清洁的室内摆斜面，斜面长度不超过试管长度的2/3，自然降温凝固后成斜面。

4.3.2 培养皿母种生产

4.3.2.1 灭菌

培养基至300~500mL三角瓶2/3处，用带滤膜的封口膜封口后放入灭菌筐内。培养皿10个一组，用报纸或牛皮纸包好，与培养基一同放入灭菌筐内，等待灭菌。121~122℃（0.11~0.12MPa）保持25min。

4.3.2.2 分装和冷却

灭菌完毕后自然降压，降温至（70±5）℃时取出三角瓶和培养皿放入无菌超净工作台或接种箱内，将三角瓶内培养基摇匀后快速均匀倒入无菌培养皿中，培养基占培养皿高度的1/3~1/2。迅速盖好上盖。自然降温凝固后制成平板培养基。

4.4 检测

抽取3%~5%的试管和培养皿，在28℃下培养48h，无微生物长出为灭菌合格。

4.5 接种

4.5.1 在超净工作台或接种箱内接种，接种前用紫外线灭菌灯照射30min后打开风机20min，之后用75%酒精进行表面消毒。

4.5.2 接种的菌块3mm左右，菌种块接种在培养皿或试管的中部，培养皿需用石蜡膜密封。

4.5.3 接菌过程严格执行无菌操作，接种后及时贴好标签并做好记录。

4.6 培养

洁净的培养箱或培养室内，温度控制在15~25℃，空气湿度在75%以下，通风避光暗培养。

4.7 母种检查

母种接种后第3天、第7天和菌丝体长满培养基后分别逐个进行检验，挑出未活、污染和生长不良的不合格培养物，拿到准备室及时进行淘汰处理（表1）。

表1 白灵菇母种感官要求

项目	要求
容器	完整、无损
棉塞或无菌塑料盖	干燥、整洁、松紧适度、能满足透气和过滤要求

项目		要求
菌种外观	培养基灌入量	为试管总容积的1/5～1/4
	斜面长度	顶端距棉塞40～50mm
	菌丝生长量	长满斜面
	菌丝体特征	洁白、浓密、旺健、棉毛状
	菌丝体表面	均匀、舒展、平整、无角变
	菌丝体分泌物	无
	菌落边缘	整齐
	杂菌菌落	无
斜面背面外观		培养基不干缩，颜色均匀，无暗斑、无色素

5　原种、栽培种生产

5.1　固体菌种

5.1.1　培养基

以下培养基任选其一：

——粮食培养基。谷粒、麦粒或玉米粒90%，柠条粉、棉籽壳、木屑、玉米芯粉或豆秸粉9%，石膏1%，水分含量（50±2）%，石灰水调节pH值至7.5。

——组合培养基。

·锯木屑60%，玉米芯19%，麸子20%，石膏1%，水分含量（60±2）%，石灰水调节pH值至7.5。

·柠条粉60%，玉米芯22%，麸子15%，玉米粉2%，石膏1%，水分含量（60±2）%，石灰水调节pH值至7.5。

·豆秸粉60%，玉米芯22%，麸子15%，玉米粉2%，石膏1%，水分含量（60±2）%，石灰水调节pH值至7.5。

·棉籽壳82%，麸子18%，石膏1%，水分含量（60±2）%，石灰水调节pH值至7.5。

5.1.2　装袋（瓶）

培养基的多种组成按照比例称量干料搅拌均匀，边加水边混拌均匀，含水量（60±2）%。采用装袋（瓶）机或人工进行装袋（瓶），培养料底部松上部较紧实，人工装袋（瓶）需用打孔器从袋（瓶）口处打孔至底部，孔直径1～1.5cm、深度是袋（瓶）的高度，无棉盖体或海绵封口。

5.1.3 灭菌

5.1.3.1 灭菌可选择高压灭菌和常压灭菌，培养基质装袋（瓶）后要求在3h之内使菌种袋表面温度达到100℃。

5.1.3.2 常压灭菌：保持100℃ 8～9h。

5.1.3.3 高压灭菌：组合培养基维持121～123℃（0.11～0.13MPa）2h；粮食培养基维持121～123℃（0.11～0.13MPa）2.5h。

5.1.4 接种

5.1.4.1 原种、栽培种在超净工作台或接种箱内完成，打开紫外线灭菌灯照射30min后打开风机20min，然后用75%酒精对接种工具、手进行表面擦拭消毒。

5.1.4.2 原种接种：每支试管母种接种5～6袋（瓶）原种，每个培养皿母种接种8～12袋（瓶）原种。

5.1.4.3 栽培种接种：每个栽培种接入的原种量15～20g。原种块都要求从容器开口处接种，不能采用打孔多点接种方式。

5.1.4.4 要严格按无菌操作接种，每批接种应为单一品种，如中途换品种时采用75%酒精对超净工作台或接种箱进行表面擦拭消毒。

5.1.5 培养

温度控制在21～25℃，空气湿度在75%以下，通风避光暗培养。

5.1.6 检验

接种后第7天、第10天和菌丝体长满袋（瓶）后，逐个全面检验，挑出未活、污染和生长不良及破损的不合格菌种袋（瓶），拿到准备室及时进行淘汰处理（表2、表3）。

表2 白灵菇原种感官要求

项目		要求
容器		完整、无破损
棉塞或无菌塑料盖		干燥、整洁、松紧适度、能满足透气和滤菌要求
培养基上表面距瓶（袋）口的距离		（50±5）mm
菌种外观	菌丝生长量	长满容器
	菌丝体特征	洁白浓密，生长旺健
	培养物表面菌丝体	生长均匀，无角变，无高温抑制线
	培养基及菌丝体	紧贴瓶壁，无干缩
	菌丝分泌物	无，允许少量无色至棕黄色水珠
	杂菌菌落	无
	现象及角变	无
	子实体原基	无

表3 白灵菇栽培种感官要求

项目		要求
容器		完整、无破损
棉塞或无菌塑料盖		干燥、整洁、松紧适度、能满足透气和滤菌要求
培养基上表面距瓶（袋）口的距离		（50±5）mm
菌种外观	菌丝生长量	长满容器
	菌丝体特征	生长均匀，色泽一致，无角变，无高温抑制线
	培养基及菌丝体	紧贴瓶壁，无干缩
	菌丝分泌物	无，允许少量无色至棕黄色水珠
	杂菌菌落	无
	现象及角变	无
	子实体原基	允许少量，出现原基种类≤5%

5.1.7 贮存

5.1.7.1 原种和栽培种在1～4℃下贮存，贮存期不超过70d；在15～20℃下贮存，贮存期不超过30d。

5.1.7.2 贮存摆放在层架或者贮存在菌种筐内。

5.2 液体菌种

5.2.1 培养基及制作

以下培养基任选其一：

——新鲜无病去皮切片马铃薯200g加水1 200mL煮沸20min，滤液定容至1 000mL，加入硫酸镁0.5g、磷酸氢二钾1g、蛋白胨1g、蔗糖10g、葡萄糖10g、琼脂粉8～10g，pH值自然；

——新鲜无病去皮切片马铃薯200g加水600mL煮沸20min，滤液定容至500mL；新鲜无霉变的麦粒100g加水600mL煮沸20min，滤液定容至500mL，二者混合，加入硫酸镁0.5g、磷酸氢二钾1g、蔗糖20g、葡萄糖10g、琼脂粉8～10g，pH值自然。

5.2.2 三角瓶液体菌种生产

5.2.2.1 装瓶

采用150～500mL三角瓶，培养基添加至刻度的2/3处，用带滤膜的封口膜封口后灭菌。

5.2.2.2 灭菌

121～122℃（0.11～0.12MPa）保持25min。

5.2.2.3 接种和培养

待液体培养基冷却至30℃以下进行接种，接种量取3mm大小10～15块母种放进液体培养基中，培养温度在21～25℃，振荡频率（搅拌速度）140～160r/min下振荡培养

6 ~ 9d。

5.2.3 菌种罐液体菌种生产

5.2.3.1 装罐和灭菌

填装培养基至液体菌种罐2/3处，按照液体菌种罐说明书要求，对液体菌种罐和液体培养基灭菌，待液体培养基冷却至30℃以下时进行接种。接种方式按照液体菌种罐说明书要求在无菌条件下严格操作。

5.2.3.2 接种和培养

将培养好的三角瓶液体菌种接入到液体菌种罐中，接种量为培养基总体积的3% ~ 5%，培养温度（23±2）℃，搅拌转速150 ~ 160r/min，罐压0.04MPa，通风量0.7N·m³/h，培养7d。

液体菌种转接不得超过3次。

5.2.4 检验

液体菌种接种后第3天对罐内培养基进行纯度检验，及时清理未活或污染的罐内培养基后，对液体菌种罐高压消毒（表4）。

表4 白灵菇液体菌种感官要求

项目	要求
容器	完整、无破损、无裂纹
菌丝生长量	培养基1/3 ~ 1/2
菌丝体特征	白色至透明块状，生长旺健
培养基及菌丝体	清澈、无杂色
杂菌	无杂菌

6 入库

6.1 检验合格的固体菌种应及时入菌种库，详细记录各生产环节，液体菌种生产应该随用随生产，不能进行入库保存。

6.2 菌种库温度应该1 ~ 4℃，避光，适当通风但应该对空气进行杀菌处理。母种在库中贮存时间不应长于50d，贮存时间超出50d的母种应该进行出菇检验后再进行后续生产。

6.3 每隔20d进行一次检查，挑出破损、污染、生产异常的菌种。

7 留样

各级菌种均应留样，每批次留样3个（支），贮存在1 ~ 4℃，贮存至购买者购买后正常生产条件下出第一潮菇。

ICS 65.020.01
B 30

DB15

内 蒙 古 自 治 区 地 方 标 准

DB15/T 1623—2019

白灵菇栽培技术规程

Efficient Cultivation Technology Procedures for *Pleurotus nebrodensis*

2019-04-10发布 　　　　　　　　　　　　2019-07-10实施

内蒙古自治区市场监督管理局　　　发 布

前　言

本标准按照GB/T 1.1—2009给出的规则编写。

本标准由内蒙古自治区农牧业科学院提出。

本标准由内蒙古自治区农业标准化技术委员会（SAM/TC 20）归口。

本标准起草单位：内蒙古自治区农牧业科学院、食用菌内蒙古自治区工程研究中心。

本标准主要起草人：孙国琴、王海燕、庞杰、于传宗、解亚杰、宋秀敏、李亚娇、潘永圣、郭俊波、云利俊、李国银、王东儒。

白灵菇栽培技术规程

1 范围

本标准规定了白灵菇（*Pleurotus nebrodensis*）栽培相关的品种选择、场地环境要求、设施设备、栽培技术及采收。

本标准适用于具有遮阳设备的温室、塑料大棚、专用菇房内的白灵菇栽培。也适用于该属的紫孢侧耳（*Pleurotus sapidus*）、小白灵菇（*Pleurotus cornucopiae*）、凤尾菇（*Pleurotus pulmonarius*）、佛罗里达白灵菇（*Pleurotus florida*）等栽培技术。

2 术语和定义

下列术语和定义适用于本文件。

2.1

白灵菇 *Pleurotus nebrodensis*

白灵菇（*Pleurotus nebrodensis*）又称翅鲍菇、百灵芝菇、克什米尔神菇、阿魏蘑、阿威侧耳、阿魏菇、雪山灵芝、鲍鱼菇等。隶属于侧耳属，是一种食用和药用价值都很高的珍稀食药用木腐真菌，通体洁白、肉质细腻、味道鲜美。

2.2

菌种　spawn

菌丝体生长在适宜基质上具结实性的菌丝培养物。分为母种（一级种）、原种（二级种）和栽培种（三级种）三级。

2.3

固体菌种　solid spawn

以富含木质素、纤维素和半纤维素或淀粉含量高的谷物粒等天然有机物为主要原料，添加适量的有机氮源和无机盐类，具一定水分含量的培养基培养的纯菌丝体，是传统食用菌生产使用菌种状态，也用于菌种保存。

2.4

液体菌种　liquid spawn

培养基营养成分与母种相同、不加琼脂的液体培养基，通过摇瓶振荡培养或深层发酵技术快速获得的大量的纯双核菌丝体，菌丝体在液体培养基中呈絮状或球状。液体菌可以作为原种或栽培种直接接种在固体培养袋中，不能进行菌种保存。

2.5

熟料 sterilized substrate

经高温（常压100℃或高压121～123℃）灭菌处理的栽培基质。

2.6

熟料栽培 cultivation on sterilized substrate

袋装或瓶装的培养基质经过高温灭菌处理后，接入菌种进行菌丝体培养和出菇管理的栽培方式。

3 品种选择

根据生产条件选择抗病性强、温型适宜（春、夏季选择高温型的，秋、冬季选择低温型的）、符合生产要求的白灵菇品种。

4 场地及环境

4.1 场地

白灵菇生产选择交通运输便利，地势较高，电源稳定，有充足的洁净水源，远离污染源，并具有可持续生产能力的农业生产区域。

4.2 环境

白灵菇生产选择地势高，通风良好，排水通畅，交通便利的场所。300m之内无酿造厂、食用菌栽培场、集贸市场、规模养殖的畜禽舍、垃圾和粪便堆积场，无污水、废气、废渣、烟尘和粉尘等污染源。

5 设施设备

5.1 设施

5.1.1 白灵菇生产要求有各自隔离的培养料摊晒场、原材料库、配料室、搅拌室、装袋（瓶）车间、灭菌室、冷却室、接种室、培养室（通风好，有纱窗）、出菇车间、子实体分级车间和冷藏库。

5.1.2 冷却室、接种室、培养室都要有空气净化设施。

5.2 设备

白灵菇生产需要粉碎机、筛子、电子秤、搅拌机、装袋（瓶）机、常压灭菌锅或高压灭菌锅、蒸汽锅炉、超净工作台或接种箱、离子净化器、培养架、摇床、液体菌种罐、冰箱、空调、加湿器等设备。

6 栽培技术

6.1 培养料

6.1.1 总则

应新鲜无其他杂菌污染的阔叶木屑、玉米芯粉、豆秸粉、柠条粉、麦麸皮（米糠）。

6.1.2 配方

根据生产区域农林副产物的来源难易，以下5种配方任选其一：

——木屑81%，麦麸皮或米糠18%，石膏1%，石灰调节pH值至7.5。

——柠条粉63%，玉米芯粉20%，麦麸皮16%，石膏1%，石灰调节pH值至7.5。

——豆秸粉63%，玉米芯粉20%、麦麸皮16%、石膏1%、石灰调节pH值至7.5。

——玉米芯粉79%，麦麸皮20%，石膏1%，石灰调节pH值至7.5。

——柠条粉（豆秸粉）84%，麦麸皮15%，石膏1%，石灰调节pH值至7.5。

6.1.3 拌料

选用的主要干培养料木屑或柠条粉、玉米芯，与麦麸皮按比例混拌均匀，辅料石膏、石灰溶于水中，分批加入主要干培养料中，边加水边搅拌，搅拌混匀；混拌均匀的培养料水分含量达到（60±2）%。

6.1.4 装袋

混拌均匀的培养料要求4h内完成装袋（瓶）。选用17cm×（33～35）cm×0.04cm的塑料折角袋或900～1 100mL塑料出菇瓶。装袋（瓶）采用食用菌专业的装袋（瓶）机或手工装袋（瓶），手工装袋需在出菇袋的一端中间打孔，直径1～1.5cm，孔深度18cm。采用专用食用菌套环封口，放入灭菌筐。

6.1.5 灭菌

6.1.5.1 准备好灭菌仓、蒸汽锅炉加水预热，移动方便的专用灭菌架；装好的出菇袋（瓶）快速进行高温灭菌。灭菌可以常压（100℃）灭菌或高压121～123℃（0.11～0.13MPa）灭菌。

6.1.5.2 常压灭菌：要求在3h之内灭菌仓内温度达到100℃，稳定100℃，保持10h。

6.1.5.3 高压灭菌：出菇袋（瓶）进锅快速加温，高压锅内温度稳定在121～123℃，保持2h。

6.2 冷却

灭菌仓内温度降低到80℃以下时，把出菇袋（瓶）迅速转移到洁净的冷却室冷却。

6.3 接种

6.3.1 接种前8～10h，采用食用菌专用熏蒸药剂对接种环境、接种工具、衣帽及菌种表面进行消毒处理。

6.3.2 白灵菇菌种可选择液体菌种或固体菌种。液体菌种每袋接入15～20mL，固体菌种每袋接入20g左右。待袋温降至30℃以下时，在洁净环境（接种台或移动接种帐）中将菌种接入出菇袋。接入菌种后立刻盖好盖子。

6.4 培养

6.4.1 培养室要求洁净，温度稳定、黑暗、通风好。接种后的出菇袋（瓶）均匀的摆放在培养室的培养架上或地面上；地面直接摆放的底底相对一排双行，每排两端用不易变形的钢材或竹竿固定。排之间留50～60cm工作通道。接种后第7天、第10天、第20天和菌丝体长满袋（瓶）时，及时检查，挑出未活、有细菌或真菌污染和生长不良或破损的不合格的出菇袋（瓶），及时拿到准备室进行灭菌处理，轻度污染的出菇袋（瓶）可以单独进行培养或重新灭菌后接种培养。

6.4.2 菌丝体培养：温度控制在23～25℃，空气新鲜，50～55d菌丝发满出菇袋（瓶）。

6.4.3 菌丝体后熟：降低温度促进白灵菇菌丝体后熟出菇。出菇袋发满袋（瓶）后，降低温度进行菌丝体后熟培养，在温度2～8℃环境中，18～22d完成菌丝体后熟培养；10～15℃环境中，25～30d完成菌丝体后熟培养。

6.5 出菇管理

6.5.1 总则

完成后熟的白灵菇出菇袋（瓶），转移到出菇房（培养室和出菇房可以通用），出菇房内拉大温差、增加湿度和光照、科学通风，进入出菇管理。

6.5.2 出菇环境

清理掉出菇房周边的杂草、垃圾等病虫害污染源，保持出菇场所环境洁净，通风口和门提前安装纱窗、纱门，运输通道加1m的消毒池，保持运输工具和工作人员鞋面洁净。

6.5.3 出菇房

出菇房要求通风、排水好，安装水雾化设施、离子净化设施和食用菌专用诱虫灯。

6.5.4 管理

6.5.4.1 出菇袋（瓶）诱导原基时去掉套环和料面以上塑料袋（瓶盖），出菇房湿度增加到85%以上；通过增加散射光或安装LED灯，光照强度达到300～500lx；环境温度控制在12～23℃，拉大温差到5～10℃；科学通风，保持空气新鲜。

6.5.4.2 子实体和出菇袋（瓶）每天查看，发现污染霉菌或细菌的出菇袋（瓶）及时处理，轻度污染出菇袋可以单独管理出菇。如果子实体发生细菌性褐斑病需要及时清除病菇，加强通风和水分管理，同时向料面喷施5%石灰水澄清液。

7 采收

7.1 菌盖长大到15～20cm，子实体内卷边变小要及时采收，采摘时戴手套，一手按住料面，另一手捏住白灵菇柄基部取下。现场或分级车间剪掉柄基部培养料、分级存放，包装冷藏。

7.2 第一茬菇采收后，清理菇脚并打扫场地，停水3～5d养菌，以后再按上述管理，可以出第二茬菇。

ICS 65. 020. 01

B 30

DB15

内 蒙 古 自 治 区 地 方 标 准

DB15/T 1624—2019

滑子菇菌种生产技术规程

Regulation of Strain Manufacture for *Pholiota nameko*

2019-04-10 发布 2019-07-10 实施

内蒙古自治区市场监督管理局 发 布

前　言

本标准按照GB/T 1.1—2009给出的规则编写。

本标准由内蒙古自治区农牧业科学院提出。

本标准由内蒙古自治区农业标准化技术委员会（SAM/TC 20）归口。

本标准起草单位：内蒙古自治区农牧业科学院、食用菌内蒙古自治区工程研究中心。

本标准主要起草人：王海燕、孙国琴、庞杰、于传宗、潘永圣、高天云、宋秀敏、郭俊波、李国银、云利俊、李亚娇、闫明霞。

滑子菇菌种生产技术规程

1 范围

本标准规定了制作滑子菇（*Pholiota nameko*）母种、原种和栽培种有关的定义、制作技术流程要点等。

本标准适用于工厂化生产企业和合作社生产的滑子菇母种、原种和栽培种。

2 术语和定义

下列术语和定义适用于本文件。

2.1

滑子菇 *Pholiota nameko*

滑子菇（*Pholiota nameko*）又名滑菇、光帽鳞伞，俗称珍珠菇，是一种菌盖黏滑的木腐真菌。滑子菇菌盖半球形、呈浅黄色或黄色，菌柄比盖色浅或淡黄色、有鳞片，褶淡黄色，菌盖与菌柄有菌膜。

2.2

菌种 **spawn**

菌丝体生长在适宜基质上具结实性的菌丝培养物。分为母种（一级种）、原种（二级种）和栽培种（三级种）三级。

2.3

母种 **stock culture**

经组织分离、孢子分离等方式获得的具有结实性的菌丝体纯培养物及其继代培养物，以玻璃试管或培养皿为培养容器和使用单位，也称为一级种、试管种。

2.4

原种 **pre-culture spawn**

由母种移植、扩大培养而成的菌丝体纯培养物，也称为二级种。

2.5

栽培种 **spawn**

由原种移植、扩大培养而成的菌丝体纯培养物，也称为三级种。栽培种只能用于扩大到栽培出菇袋或直接出菇，不可以再次扩大繁殖菌种。

2.6

固体菌种　solid spawn

以富含木质素、纤维素和半纤维素或淀粉含量高的谷物粒等天然有机物为主要原料，添加适量的有机氮源和无机盐类，具一定水分含量的培养基培养的纯菌丝体，是传统食用菌生产使用菌种状态，也用于菌种保存。

2.7

液体菌种　liquid spawn

培养基营养成分与母种相同、不加琼脂的液体培养基，通过摇瓶振荡培养或深层发酵技术快速获得的大量的纯双核菌丝体，菌丝体在液体培养基中呈絮状或球状。液体菌种可以作为原种或栽培种直接接种在固体培养袋中，不能进行菌种保存。

3　菌种生产要求

3.1　人员

经过专业培训、掌握滑子菇基础知识及白灵菇菌种生产技术规程要求的技术人员和检验人员。

3.2　环境

3.2.1　应选择地势高，通风良好，空气清新，水源近，排水通畅，交通便利的场所。

3.2.2　300m之内无酿造厂、集贸市场、规模养殖的畜禽舍、垃圾和粪便堆积场，无污水、废气、废渣、烟尘和粉尘等污染源。

3.3　设施

厂房要求有各自隔离的摊晒场、原材料库、配料分装库。配套有配料室、搅拌室、装袋（瓶）室、灭菌室、冷却室、接种室、培养室（通风好，有纱窗）、菌种检测室及菌种冷藏库等各环节的设施。冷却室、接种室、培养室都要有离子净化设施。

3.4　设备

生产需要粉碎机、电子秤、搅拌机、装袋（瓶）机、高压灭菌锅或常压灭菌锅、离子净化器、超净工作台或接种箱、恒温培养箱、培养架、摇床、液体菌种罐（30～250L）、显微镜等设备。

3.5　容器

3.5.1　母种生产容器

试管选用18mm×180mm或者20mm×200mm；培养皿选用直径7～9cm玻璃培养皿或一次性塑料培养皿。

3.5.2　原种、栽培种生产容器

3.5.2.1　固体菌种

原种采用850mL以下、瓶口直径≤4cm、耐126℃高温的透明瓶子，或采用

（12~17）cm×（22~28）cm的聚丙烯塑料袋。

栽培种采用同原种要求相同的瓶子，也可采用（15~17）cm×（33~35）cm的聚丙烯塑料袋。

3.5.2.2 液体菌种

三角瓶液体菌种容器：采用150~500mL三角瓶，带滤膜的封口膜。

液体菌种罐：采用专业厂家生产的液体菌种罐。

3.6 培养原料

3.6.1 硫酸镁、磷酸二氢钾、蛋白胨、蔗糖、葡萄糖、石膏、琼脂粉等均采用分析纯。

3.6.2 马铃薯、麦粒、谷粒、玉米粒、柠条粉、棉籽壳、木屑、玉米芯粉、豆秸粉要求无霉变。

4 母种生产

4.1 生产流程

见示例图1。

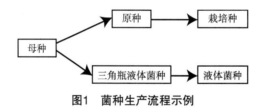

图1 菌种生产流程示例

4.2 培养基

以下培养基任选其一：

——PDA改良培养基。

· 麦麸100g加水600mL煮沸20min，滤液定容至500mL；新鲜无病去皮马铃薯200g切片加水600mL煮沸15min，滤液定容至500mL，二者混合，加入硫酸镁0.5g、磷酸二氢钾1g、葡萄糖10g、蔗糖10g、琼脂粉10~15g，pH值自然。

· 新鲜无病去皮马铃薯200g切片加水1 200mL煮沸15min，滤液定容至1 000mL，加入蛋白胨1g、酵母粉1g、硫酸镁0.5g、磷酸二氢钾1g、葡萄糖10g、蔗糖10g、琼脂粉10~15g，pH值自然。

· 麦粒100g加水1 200mL煮沸15min，滤液定容至1 000mL，加入硫酸镁0.5g、磷酸二氢钾1g、葡萄糖10g、蔗糖10g、蛋白胨5g、琼脂粉10~15g，pH值自然。

· 新鲜无病去皮马铃薯200g切片加水600mL煮沸20min，滤液定容至500mL；100g小麦粒加水600mL煮沸15min，滤液定容至500mL，二者混合，加入硫酸镁0.5g、磷酸二氢钾1g、蔗糖10g、琼脂粉10~15g，pH值自然。

——PDA培养基。新鲜无病去皮马铃薯200g切片加水1 200mL煮沸20min，滤液定容至1 000mL，加入硫酸镁0.5g、磷酸二氢钾1g、葡萄糖10g、蔗糖20g、琼脂粉10~15g，pH值自然。

4.3　分装和灭菌

母种培养基温度降到90℃即可分装至不同容器。

4.3.1　试管母种

4.3.1.1　分装

分装培养基至试管1/4处，用棉塞或硅胶塞封闭试管口，每5支试管为1把，牛皮纸包棉塞，橡皮筋扎紧，棉塞向上放置。棉塞应采用梳棉，不能使用脱脂棉。

4.3.1.2　灭菌

121~124℃（0.11~0.14MPa）保持25min。

4.3.1.3　冷却

灭菌完毕后自然降压，降温至（65±5）℃时取出试管，在空气清洁的室内摆斜面，斜面长度不超过试管长度的2/3，自然降温凝固后成斜面。

4.3.2　培养皿母种

4.3.2.1　灭菌

培养基装入300~500mL三角瓶至刻度的2/3处，用带滤膜的封口膜封口后灭菌。培养皿用报纸包好，同时放入灭菌锅灭菌。在121~124℃（0.11~0.14MPa）保持25min。

4.3.2.2　分装

灭菌完毕后自然降压，降温至（70±5）℃时，取出三角瓶和培养皿放入无菌超净工作台或接种箱内，将三角瓶内培养基摇匀后快速均匀倒入无菌培养皿中，培养基占培养皿高度的1/3~1/2。迅速盖好上盖。自然降温凝固后制成平板培养基。

4.4　检测

抽取3%~5%的试管和培养皿，在28℃下培养48h，无微生物长出为灭菌合格。

4.5　接种

4.5.1　在超净工作台或接种箱内接种，接种前用紫外线灭菌灯照射30min后打开风机20min，之后用75%酒精进行表面消毒。

4.5.2　接种的菌块3~5mm，接种在培养皿或试管的中部。培养皿需用石蜡封口膜密封。

4.5.3　接菌过程严格执行无菌操作，接种后及时贴好标签并做好记录。

4.6　培养

温度控制在18~26℃，空气湿度在75%以下，通风避光培养。

4.7　母种检查

母种接种后第3天、第7天和菌丝体长满培养基后分别逐个进行检验，挑出未活、污染和生长不良的不合格培养物，拿到准备室及时进行淘汰处理（表1）。

表1 滑子菇母种感官要求

项目		要求
容器		完整、无损、洁净
棉塞或无棉盖体		干燥、整洁、松紧适度、能满足透气和过滤要求
培养基灌入量		为试管总容积的1/4，培养皿高的1/3～1/2
菌种外观	菌丝生长量	长满斜面或平板
	菌丝体特征	菌丝洁白、绒毛状、生长致密、均匀、健壮
	菌丝体表面	均匀、舒展、平整
	菌丝体分泌物	无
	菌落边缘	整齐
	杂菌菌落	无
	斜面背面外观	培养基不干缩，无积水、颜色均匀、无暗斑、无色素

5 原种、栽培种生产

5.1 固体菌种

5.1.1 培养基

5.1.1.1 粮食培养基

谷粒、麦粒或玉米粒90%，柠条粉、棉籽壳、木屑、玉米芯粉或豆秸粉9%，石膏1%，水分含量（50±2）%，石灰水调节pH值至6～7。

5.1.1.2 组合培养基

· 锯末58%，玉米芯21%，麸子20%，石膏1%，水分含量（60±2）%，石灰水调节pH值至6～7。

· 柠条粉60%，玉米芯21%，麸子18%，石膏1%，水分含量（60±2）%，石灰水调节pH值至6～7。

· 豆秸粉60%，玉米芯21%，麸子18%，石膏1%，水分含量（60±2）%，石灰水调节pH值至6～7。

· 棉籽壳80%，麸子19%，石膏1%，水分含量（60±2）%，石灰水调节pH值至6～7。

· 柠条粉80%，麸子19%、石膏1%，水分含量（60±2）%，石灰水调节pH值至6～7。

5.1.2 装袋（瓶）

5.1.2.1 培养基的多种组成按照比例称量干料搅拌均匀，边加水边混拌均匀，含水量（60±2）%。

5.1.2.2 采用装袋（瓶）机或人工进行装袋（瓶），培养料底部松上部较紧实，人工装袋（瓶）需用打孔器从袋（瓶）口处打孔至底部，孔直径1~1.5cm，深度是袋（瓶）的高度。

5.1.3 灭菌

5.1.3.1 培养基质装袋（瓶）后要求在3h之内使菌种袋表面温度达到100℃。灭菌可分为高压灭菌和常压灭菌。

5.1.3.2 常压灭菌：保持100℃ 8~9h。

5.1.3.3 高压灭菌：组合培养基维持121~123℃（0.11~0.13MPa）2h；粮食培养基维持121~123℃（0.11~0.13MPa）2.5h。

5.1.4 接种

5.1.4.1 原种、栽培种在超净工作台或接种箱内接种，接种前打开紫外线灭菌灯照射30min，接种时用75%酒精对超净工作台或接种箱进行表面擦拭消毒。

5.1.4.2 原种接种：每个原种接入2~3cm大小母种1~2块。

5.1.4.3 栽培种接种：每个栽培种接入原种量不得少于15g。菌种都应从容器开口处接种，不应打孔多点接种。

5.1.4.4 要严格按无菌操作接种，每批接种应为单一品种，如中途换品种时采用75%酒精对超净工作台或接种箱进行表面擦拭消毒。

5.1.5 培养

温度控制在21~26℃，空气湿度在75%以下，通风避光培养。

5.1.6 检验

接种后第7天、第10天和菌丝体长满袋（瓶）后，逐个全面检验，挑出未活、污染和生长不良及破损的不合格菌种袋（瓶）（表2、表3）。

表2 滑子菇原种感官要求

项目	要求
容器	完整、无破损、洁净
棉塞或无棉盖体	干燥、整洁、松紧适度、能满足透气和滤菌要求
培养基上表面距瓶（袋）口的距离	（50±5）mm

（续表）

项目		要求
菌种外观	菌丝生长量	长满容器
	菌丝体特征	菌丝体白、生长旺健、整齐
	培养物表面菌丝体	生长均匀、无高温抑制线
	培养基及菌丝体	紧贴瓶壁、无干缩
	菌丝分泌物	无、允许少量无色至棕黄色水珠
	杂菌菌落	无
	子实体原基	无

表3　滑子菇栽培种感官要求

项目		要求
容器		完整、无破损
棉塞或无棉盖体		干燥、整洁、松紧适度、能满足透气和滤菌要求
培养基上表面距瓶（袋）口的距离		（50±5）mm
菌种外观	菌丝生长量	长满容器
	菌丝体特征	生长均匀、色泽一致、无角变、无高温抑制线
	培养基及菌丝体	紧贴瓶壁、无干缩
	菌丝分泌物	无
	杂菌菌落	无
	子实体原基	允许少量、出现原基种类≤5%

5.1.7　贮存

5.1.7.1　原种和栽培种在0～4℃下贮存，贮存期不超过50d。

5.1.7.2　贮存摆放在层架或者贮存在筐内。

5.2　液体菌种生产

5.2.1　培养基

以下培养基任选其一：

——PDA改良培养基。

·麦麸100g加水600mL煮沸20min，滤液定容至500mL；新鲜无病去皮马铃薯200g切片加水600mL煮沸15min，滤液定容至500mL，二者混合，加入硫酸镁0.5g、磷酸二氢钾1g、葡萄糖10g、蔗糖10g，pH值自然。

· 新鲜无病去皮马铃薯200g切片加水1 200mL煮沸15min，滤液定容至1 000mL，加入蛋白胨1g、酵母粉1g、硫酸镁0.5g、磷酸二氢钾1g、葡萄糖10g、蔗糖10g，pH值自然。

· 麦粒100g加水1 200mL煮沸15min，滤液定容至1 000mL，加入硫酸镁0.5g、磷酸二氢钾1g、葡萄糖10g、蔗糖10g、蛋白胨5g，pH值自然。

· 新鲜无病去皮马铃薯200g切片加水600mL煮沸20min，滤液定容至500mL；100g小麦粒加水600mL煮沸15min，滤液定容至500mL，二者混合，加入硫酸镁0.5g、磷酸二氢钾1g、蔗糖10g，pH值自然。

——PDA培养基。新鲜无病去皮马铃薯200g切片加水1 200mL煮沸20min，滤液定容至1 000mL，加入硫酸镁0.5g、磷酸二氢钾1g、葡萄糖10g、蔗糖20g，pH值自然。

5.2.2 三角瓶液体菌种生产

5.2.2.1 装瓶

采用150～500mL三角瓶，培养基添加至刻度的2/3处，用带滤膜的封口膜封口后灭菌。

5.2.2.2 灭菌

121～122℃（0.11～0.12MPa）保持25min灭菌。

5.2.2.3 接种和培养

取3～5mm大小母种10～12块放进液体培养基中，培养温度在16～26℃，振荡频率（搅拌速度）140～160r/min下振荡培养8～10d。

5.2.2.4 检验

液体菌种接种后第3天对三角瓶逐个进行纯度检验，及时清理未活或污染的三角瓶，高压消毒。

5.2.3 菌种罐液体菌种生产

5.2.3.1 装罐和灭菌

填装培养基至液体菌种罐2/3处，按照液体菌种罐说明书要求，对液体菌种罐和液体培养基灭菌，待液体培养基冷却至30℃以下时进行接种。

5.2.3.2 接种与培养

将培养好的三角瓶液体菌种接入到液体菌种罐中，接种量为培养基总体积的8%～10%，培养温度（23±2）℃，搅拌转速150～160r/min，罐压0.04MPa，通风量0.7N·m³/h。培养时间3～5d。

液体菌种转接不得超过3次。

5.2.4 检验

液体菌种接种后第3天对罐内培养基进行纯度检验，及时清理未活或污染的罐内培养基后，对液体菌种罐高压消毒（表4）。

表4 滑子菇液体菌种感官要求

项目	要求
容器	完整、无破损、无裂纹
菌丝生长量	培养基1/3～1/2
菌丝体特征	白色至透明块状、生长旺健
培养基	清澈、无杂色
杂菌	无杂菌

6 入库

6.1 检验合格的固体菌种应及时入菌种库，详细记录各生产环节，液体菌种生产应该随用随生产，不能进行入库保存。

6.2 菌种库温度应该1～4℃，避光，适当通风但应该对空气进行杀菌处理。母种在库中贮存时间不应长于50d，贮存时间超出50d的母种应该进行出菇检验后再进行后续生产。

6.3 每隔20d进行一次检查，挑出破损、污染、生产异常的菌种。

7 留样

各级菌种均应留样，每批次留样3个（支），贮存在1～4℃，贮存至购买者购买后正常生产条件下出第一潮菇。

ICS 65.020.01

B 30

DB15

内 蒙 古 自 治 区 地 方 标 准

DB15/T 1625—2019

滑子菇栽培技术规程

Cultivation Technology Procedures for *Pholiota nameko*

2019-04-10发布 2019-07-10实施

内蒙古自治区市场监督管理局　　发　布

前　言

本标准按照GB/T 1.1—2009给出的规则编写。

本标准由内蒙古自治区农牧业科学院提出。

本标准由内蒙古自治区农业标准化技术委员会（SAM/TC 20）归口。

本标准起草单位：内蒙古自治区农牧业科学院、食用菌内蒙古自治区工程研究中心。

本标准主要起草人：王海燕、孙国琴、庞杰、于传宗、李亚娇、潘永胜、宋秀敏、李国银、云利俊、郭俊波、高天云。

滑子菇栽培技术规程

1 范围

本标准规定了滑子菇（*Pholiota nameko*）栽培相关的品种选择、场地及环境、设施设备、栽培技术及采收。

本标准适用于具有遮阳设备的温室、塑料大棚及专用菇房内的滑子菇栽培。

2 术语和定义

下列术语和定义适用于本文件。

2.1

滑子菇 *Pholiota nameko*

滑子菇（*Pholiota nameko*）又名滑菇、光帽鳞伞，俗称珍珠菇，是一种菌盖黏滑的木腐真菌。滑子菇菌盖半球形、呈浅黄色或黄色，菌柄比盖色浅或淡黄色、有鳞片，褶淡黄色，菌盖与菌柄有菌膜。

2.2

菌种 spawn

菌丝体生长在适宜基质上具结实性的菌丝培养物。分为母种（一级种）、原种（二级种）和栽培种（三级种）三级。

2.3

固体菌种 solid spawn

以富含木质素、纤维素和半纤维素或淀粉含量高的谷物粒等天然有机物为主要原料，添加适量的有机氮源和无机盐类，具一定水分含量的培养基培养的纯菌丝体，是传统食用菌生产使用菌种状态，也用于菌种保存。

2.4

液体菌种 liquid spawn

培养基营养成分与母种相同、不加琼脂的液体培养基，通过摇瓶振荡培养或深层发酵技术快速获得的大量的纯双核菌丝体，菌丝体在液体培养基中呈絮状或球状。液体菌种可以作为原种或栽培种直接接种在固体培养袋中，不能进行菌种保存。

2.5

熟料 sterilized substrate

经高温（常压100℃或高压121～123℃）灭菌处理的栽培基质。

2.6

熟料栽培 cultivation on sterilized substrate

袋装或瓶装的培养基质经过高温灭菌处理后，接入菌种进行菌丝体培养和出菇管理的栽培方式。

3 品种选择

滑子菇是低温结实真菌，根据出菇温度不同可以分为高温型（出菇温度为7~20℃）、中高温型（5~15℃）、中温型（7~12℃）、低温型（5~10℃）。栽培时根据当地气候、栽培方式、栽培季节和目的来选用适宜温型的菌种。

4 场地及环境

4.1 场地

滑子菇生产场地总体要求交通运输便利，地势较高，通风良好，有充足的水源和电源，远离污染源，并具有可持续生产能力的农业生产区域。

4.2 环境

300m之内无酿造厂、集贸市场、规模养殖的畜禽舍、垃圾和粪便堆积场，无污水、废气、废渣、烟尘和粉尘等污染源。

5 设施设备

5.1 设施

5.1.1 滑子菇生产要求有各自隔离的培养料摊晒场、原材料库、配料室、搅拌室、装袋（瓶）车间、灭菌室、冷却室、接种室、培养室（通风好，有纱窗）、出菇车间、子实体分级车间和冷藏库。

5.1.2 冷却室、接种室、培养室都要有空气净化设施。出菇室要求有配套的水源、通风和遮阳设备。

5.2 设备

滑子菇生产需要粉碎机、筛子、电子秤、搅拌机、装袋（瓶）机、常压灭菌锅或高压灭菌锅、蒸汽锅炉、超净工作台或接种箱、离子净化器、培养架、摇床、液体菌种罐、冰箱、空调、加湿器等设备。

6 栽培技术

6.1 培养料

培养料应新鲜、无霉变。

6.1.1 培养料配方

根据生产区域农林副产物的来源情况，以下3种配方任选其一：

——杂木屑90%，麸皮8%，玉米粉2%，调节含水量到60%～65%，用石灰调节pH值至6.0左右。

——杂木屑45%，豆秸45%，麸皮10%，调节含水量到60%～65%，用石灰调节pH值至6.0左右。

——玉米芯80%，米糠19%，石膏1%，调节含水量到60%～65%，用石灰调节pH值至6.5左右。

6.1.2 拌料

将选用的主要干培养料阔叶木屑、豆秸、玉米芯、麦麸皮按比例混拌2～3遍，其他辅料如石膏、石灰等溶于水中，分批加入主要干培养料中，搅拌2～3遍，水分含量达到（60±2）%。

6.1.3 装袋

栽培袋选用（17～20）cm×（50～55）cm×（0.04～0.05）mm的聚乙烯塑料袋。装袋机或手工进行装袋，每袋装干混合培养料1～1.5kg，食用菌专用封口机封口。放入灭菌筐。

6.1.4 灭菌

6.1.4.1 常压灭菌时，采用蒸汽在3h内使出菇袋（瓶）灭菌仓内温度达到100℃，保持10h。

6.1.4.2 高压灭菌，121～123℃（0.11～0.13MPa）维持1.5～2h。

6.2 冷却

灭菌仓内温度降低到80℃以下时，把出菇袋迅速转移到洁净的冷却室冷却。

6.3 接种

6.3.1 接种前8～10h，采用食用菌专用熏蒸药剂对接种环境、接种工具、衣帽及菌种表面进行消毒处理。

6.3.2 在洁净环境中迅速将栽培种接入出菇袋，接固体菌种时每个出菇袋侧面等距离打直径和深度1cm大小的3个孔，每个孔放入15g左右菌种，菌种高出袋面封闭接种孔，用无菌透气保鲜膜把接种孔盖好；接液体菌种时接种枪从出菇袋两头直接打入菌种，每头接种10～15mL，用专用膜立即封好接种孔。

6.4 发菌管理

6.4.1 堆垛式发菌菌袋摆放高度为5～6层，行距30～50cm。

6.4.2 层架式发菌培养架高2～2.5m，层架间距50～60cm，每层摆放4～5层。

6.4.3 发菌要求黑暗通风，发菌室温度控制在23～25℃，50～55d菌丝发满菌袋，培养期间出菇袋袋间温度不能超过26℃。接种7d后要检查出菇袋，如有黑色、绿色等杂菌污染应及时清理到培养室外处理。接种10d后菌丝生长加快,培养袋内温度增高,此时应加强通风降温。

6.5 出菇管理

6.5.1 总则

当菌丝长满袋并由白色逐渐转为浅黄色,并形成黄色菌膜即达到生理成熟,进入出菇管理阶段。

6.5.2 出菇环境

清理掉出菇房周边的杂草、垃圾等病虫害污染源,保持环境洁净,通风口和门提前安装纱窗、纱门。

6.5.3 出菇房

出菇房要求通风、排水好,安装水雾化设施、离子净化设施和食用菌专用诱虫灯。

6.5.4 管理

6.5.4.1 菇蕾出现后,长到米粒大小时,及时用竹刀或铁钉在菌块表面划线,割破菌膜,使其裸露。纵横划成宽2cm左右的格子。划透菌膜,深浅要适度,一般1cm深即可,划线过深菌块易断裂。然后平放或立放在架上、喷水增湿,调节室温到15℃左右,空气相对湿度保持在85%~95%,光照强度300~500lx,适当通风,保持出菇棚(房)内空气新鲜,促使子实体形成。

6.5.4.2 出菇期间定期检查,发现污染及时处理,污染轻的栽培袋可用浓石灰水冲洗抑制杂菌或用75%的酒精注射污染处,然后将处理的栽培袋置低温间隔培养,如杂菌发生严重应将其深埋或烧毁,切忌到处乱扔。

6.5.4.3 细菌性斑点病要注意控制水分,相对湿度不能过大,天冷时,不能用冷水直接喷在菌盖上,控制此病可以在100kg水中加入150g漂白粉或土霉素(25万U/粒、剂量0.25g/粒)120粒杀死病原。

6.5.4.4 黏菌性病害一旦发生,可将菇床上发病部位培养料挖除,撤离菇棚,控制喷水,加强通风,增强光线,防止栽培场所长期处于潮湿状态。

7 采收

当菇体长到八成熟,即颜色变浅、菌膜未开之前,停止浇水及时采收。采收应以不留菇柄在培养料上、不伤菇袋为宜。采完头潮菇后,停水2~3d,使菇袋上的菌丝恢复并积累养分,使菇料含水量达到70%,空气相对湿度达到85%~90%,加强通风,加大温差,促进下潮菇形成。

ICS 65. 020. 01

B 30

DB15

内 蒙 古 自 治 区 地 方 标 准

DB15/T 1626—2019

灵芝菌种生产技术规程

Regulation of Strain Manufacture for *Ganoderma lucidum*

2019-04-10发布 2019-07-10实施

内蒙古自治区市场监督管理局 发 布

前　言

本标准按照GB/T 1.1—2009给出的规则编写。

本标准由内蒙古自治区农牧业科学院提出。

本标准由内蒙古自治区农业标准化技术委员会（SAM/TC 20）归口。

本标准起草单位：内蒙古自治区农牧业科学院、食用菌内蒙古自治区工程研究中心。

本标准主要起草人：李亚娇、孙国琴、王海燕、庞杰、于传宗、高天云、潘永圣、云利俊、郭俊波、宋秀敏、李国银、陈友君。

灵芝菌种生产技术规程

1 范围

本标准规定了制作灵芝（*Ganoderma lucidum*）母种、原种和栽培种有关的定义、制作技术流程要点等。

本标准适用于工厂化生产企业或专业合作社生产灵芝母种、原种和栽培种。

2 规范性引用文件

下列术语和定义适用于本文件。

2.1

灵芝 *Ganoderma lucidum*

灵芝（*Ganoderma lucidum*），别名瑞芝、仙草，俗称"灵芝草"，隶属于担子菌纲（Basidiomycetes）、多孔菌目（Polyporales）、灵芝科（Ganodermataceae）、灵芝属（*Ganoderma*）。

2.2

菌种 **spawn**

菌丝体生长在适宜基质上具结实性的菌丝培养物。分为母种（一级种）、原种（二级种）和栽培种（三级种）三级。

2.3

母种 **stock culture**

经组织分离、孢子分离等方式获得的具有结实性的菌丝体纯培养物及其继代培养物，以玻璃试管或培养皿为培养容器和使用单位，也称为一级种、试管种。

2.4

原种 **pre-culture spawn**

由母种移植、扩大培养而成的菌丝体纯培养物，也称为二级种。

2.5

栽培种 **spawn**

由原种移植、扩大培养而成的菌丝体纯培养物，也称为三级种。栽培种只能用于扩大到栽培出菇袋或直接出菇，不可以再次扩大繁殖菌种。

2.6

固体菌种　solid spawn

以富含木质素、纤维素和半纤维素或淀粉含量高的谷物粒等天然有机物为主要原料，添加适量的有机氮源和无机盐类，具一定水分含量的培养基培养的纯菌丝体，是传统食用菌生产使用菌种状态，也用于菌种保存。

2.7

液体菌种　liquid spawn

培养基营养成分与母种相同、不加琼脂的液体培养基，通过摇瓶振荡培养或深层发酵技术快速获得的大量的纯双核菌丝体，菌丝体在液体培养基中呈絮状或球状。液体菌种可以作为原种或栽培种直接接种在固体培养袋中，不能进行菌种保存。

3　菌种生产要求

3.1　人员

菌种生产需要经过专业培训、掌握灵芝基础知识及灵芝菌种生产技术规程要求的技术人员和检验人员。

3.2　环境

应选择地势高，通风良好，空气清新，水源近，排水通畅，交通便利的场所。

300m之内无酿造厂、集贸市场、规模养殖的畜禽舍、垃圾和粪便堆积场，无污水、废气、废渣、烟尘和粉尘等污染源。

3.3　设施

厂房要求有各自隔离的摊晒场、原材料库、配料分装库。配套有配料室、搅拌室、装袋（瓶）室、灭菌室、冷却室、接种室、培养室（通风好，有纱窗）、菌种检测室及菌种冷藏库等各环节的设施。冷却室、接种室、培养室都要有离子净化设施。

3.4　设备

生产需要粉碎机、电子秤、搅拌机、装袋（瓶）机、高压灭菌锅或常压灭菌锅、离子净化器、超净工作台或接种箱、恒温培养箱、培养架、摇床、液体菌种罐（30～250L）、显微镜等设备。

3.5　容器

3.5.1　母种生产容器

试管选用18mm×180mm或者20mm×200mm；培养皿选用直径7～9cm玻璃培养皿或一次性塑料培养皿。

3.5.2 原种、栽培种生产容器

3.5.2.1 固体菌种

原种采用850mL以下、瓶口直径≤4cm、耐126℃高温的透明瓶子，或采用（12~17）cm×（22~28）cm的聚丙烯塑料袋。

栽培种采用同原种要求相同的瓶子，也可采用（15~17）cm×（33~35）cm的聚丙烯塑料袋。

3.5.2.2 液体菌种

三角瓶液体菌种容器：采用150~500mL三角瓶，带滤膜的封口膜。

液体菌种罐：采用专业厂家生产的液体菌种罐。

3.6 培养原料

硫酸镁、磷酸二氢钾、蛋白胨、蔗糖、葡萄糖、石膏、琼脂粉等均采用分析纯。

马铃薯、麦粒、谷粒、玉米粒、柠条粉、棉籽壳、木屑、玉米芯粉、豆秸粉要求无霉变。

4 母种生产

4.1 生产流程

见示例图1。

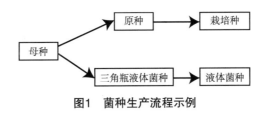

图1 菌种生产流程示例

4.2 培养基

以下培养基任选其一：

——PDA改良培养基。

- 豆饼粉20g加水1 200mL煮沸15min，滤液定容至1 000mL，加入蛋白胨1g、酵母粉1g、硫酸镁0.5g、磷酸二氢钾1g、葡萄糖10g、蔗糖10g、琼脂粉8~10g，pH值自然。

- 新鲜无病去皮马铃薯200g切片加水1 200mL煮沸15min，滤液定容至1 000mL，加入蛋白胨1.6g、酵母粉1.6g、硫酸镁0.5g、磷酸二氢钾1g、葡萄糖10g、蔗糖10g、琼脂粉8~10g，pH值自然。

- 麦粒100g加水1 200mL煮沸15min，滤液定容至1 000mL，加入蛋白胨1.5g、酵母粉1.5g、硫酸镁0.5g、磷酸二氢钾1g、葡萄糖10g、蔗糖10g、琼脂粉8~10g， pH值自然。

· 新鲜无病去皮红薯200g切片加水1 200mL煮沸20min，滤液定容至1 000mL，加入蛋白胨1.6g、酵母粉1.6g、硫酸镁0.5g、磷酸二氢钾1g、葡萄糖10g、蔗糖10g、琼脂粉8～10g，pH值自然。

——PDA培养基。新鲜无病去皮马铃薯200g切片加水1 200mL煮沸20min，滤液定容至1 000mL，加入硫酸镁0.5g、磷酸二氢钾1g、蔗糖20g、琼脂粉8～10g，pH值自然。

4.3 分装和灭菌

母种培养基温度降到90℃即可分装至不同容器。

4.3.1 试管母种制作

4.3.1.1 分装

分装培养基至试管1/4处，用棉塞或硅胶塞封闭试管口，每5支试管为1把，牛皮纸包棉塞，橡皮筋扎紧，棉塞向上放置。棉塞应采用梳棉，不能使用脱脂棉。

4.3.1.2 灭菌

121～124℃（0.11～0.14MPa）保持25min。

4.3.1.3 冷却

灭菌完毕后自然降压，降温至（65±5）℃时取出试管，在空气清洁的室内摆斜面，斜面长度不超过试管长度的2/3，自然降温凝固后成斜面。

4.3.2 培养皿母种制作

4.3.2.1 灭菌

培养基装入300～500mL三角瓶至刻度的2/3处，用带滤膜的封口膜封口后灭菌。培养皿用报纸包好，同时放入灭菌锅灭菌。在121～124℃（0.11～0.14MPa）保持25min。

4.3.2.2 分装

灭菌完毕后自然降压，降温至（70±5）℃时取出三角瓶和培养皿放入无菌超净工作台或接种箱内，将三角瓶内培养基摇匀后快速均匀倒入无菌培养皿中，培养基占培养皿高度的1/3～1/2。迅速盖好上盖。自然降温凝固后制成平板培养基。

4.4 检测

抽取3%～5%的试管和培养皿，在28℃下培养48h，无微生物长出为灭菌合格。

4.5 接种

在超净工作台或接种箱内接种，接种前用紫外线灭菌灯照射30min后打开风机20min，之后用75%酒精进行表面消毒。

接种的菌块3～5mm，接种在培养皿或试管的中部。培养皿需用石蜡封口膜密封。

接菌过程严格执行无菌操作，接种后及时贴好标签并做好记录。

4.6 培养

温度控制在23～26℃，空气湿度在75%以下，通风避光培养。

4.7 母种检查

母种接种后第3天、第7天和菌丝体长满培养基后分别逐个进行检验，挑出未活、污染和生长不良的不合格培养物，拿到准备室及时进行淘汰处理（表1）。

表1 灵芝母种感官要求

项目		要求
容器		完整、无损、洁净
棉塞或无棉盖体		干燥、整洁、松紧适度、能满足透气和过滤要求
培养基灌入量		为试管总容积的1/4，培养皿高的1/3～1/2
菌种外观	菌丝生长量	长满斜面或平板
	菌丝体特征	菌丝洁白、绒毛状、生长致密、均匀、健壮
	菌丝体表面	均匀、舒展、平整
	菌丝体分泌物	无
	菌落边缘	整齐
	杂菌菌落	无
斜面背面外观		培养基不干缩，无积水、颜色均匀、无暗斑、无色素

5 原种、栽培种生产

5.1 固体菌种

5.1.1 培养基

——粮食培养基。谷粒、麦粒或玉米粒90%，柠条粉或棉籽壳、木屑、玉米芯粉、豆秸粉9%，石膏1%，石灰1%，水分含量60%～65%，调节pH值至7.0～7.5。

——组合培养基。
- 玉米芯39%+木屑39%+麸皮20%+石膏1%+石灰1%，水分含量60%～65%，调节pH值至7.0～7.5。
- 棉籽壳80%+麦麸18%+石膏1%+石灰1%，水分含量60%～65%，调节pH值至7.0～7.5。
- 木屑78%+麦麸17%+豆饼粉3%+石膏1%+石灰1%，水分含量60%～65%，调节pH值至7.0～7.5。
- 柠条粉78%+麦麸17%+玉米粉3%+石膏1%+石灰1%，水分含量60%～65%，调节

pH值至7.0～7.5。

· 豆秸粉78%+麦麸17%+玉米粉3%+石膏1%+石灰1%，水分含量60%～65%，调节pH值至7.0～7.5。

5.1.2 装袋（瓶）

培养基的多种组成按照比例称量干料搅拌均匀，边加水边混拌均匀，含水量（60±2）%。

采用装袋（瓶）机或人工进行装袋（瓶），人工装袋（瓶）需用打孔器在袋口处打孔，孔直径1～1.5cm，深度为8～12cm，无棉盖体或海绵封口。

5.1.3 灭菌

培养基质装袋（瓶）后要求在3h之内使菌种袋表面温度达到100℃。灭菌可分为高压灭菌和常压灭菌。

常压灭菌：保持100℃ 8～9h。

高压灭菌：组合培养基维持121～123℃（0.11～0.13MPa）2h；粮食培养基维持121～123℃（0.11～0.13MPa）2.5h。

5.1.4 接种

原种、栽培种在超净工作台或接种箱内接种，接种前打开紫外线灭菌灯照射30min，接种时用75%酒精对超净工作台或接种箱进行表面擦拭消毒。

原种接种：每个原种接入2～3cm大小母种1～2块。

栽培种接种：每个栽培种接入原种量不得少于15g。菌种都应从容器开口处接种，不应打孔多点接种。

要严格按无菌操作接种，每批接种应为单一品种，如中途换品种时采用75%酒精对超净工作台或接种箱进行表面擦拭消毒。

5.1.5 培养

温度控制在23～26℃，空气湿度在75%以下，通风避光培养。

5.1.6 检验

接种后第7天、第10天和菌丝体长满袋（瓶）后，逐个全面检验，挑出未活、污染和生长不良及破损的不合格菌种袋（瓶），拿到准备室及时进行淘汰处理（表2、表3）。

表2 灵芝原种感官要求

项目	要求
容器	完整、无破损、洁净
棉塞或无棉盖体	干燥、整洁、松紧适度、能满足透气和滤菌要求
培养基上表面距瓶（袋）口的距离	（50±5）mm

项目		要求
菌种外观	菌丝生长量	长满容器
	菌丝体特征	菌丝体白、生长旺健、整齐
	培养物表面菌丝体	生长均匀、无高温抑制线
	培养基及菌丝体	紧贴瓶壁、无干缩
	菌丝分泌物	无、允许少量无色至棕黄色水珠
	杂菌菌落	无
	子实体原基	无

表3　灵芝栽培种感官要求

项目		要求
容器		完整、无破损
棉塞或无棉盖体		干燥、整洁、松紧适度、能满足透气和滤菌要求
培养基上表面距瓶（袋）口的距离		（50±5）mm
菌种外观	菌丝生长量	长满容器
	菌丝体特征	生长均匀、色泽一致、无角变、无高温抑制线
	培养基及菌丝体	紧贴瓶壁、无干缩
	菌丝分泌物	无
	杂菌菌落	无
	子实体原基	允许少量、出现原基种类≤5%

5.1.7　贮存

原种和栽培种在0～4℃下贮存，贮存期不超过50d。

摆放在层架或者贮存在筐内。

5.2　液体菌种生产

5.2.1　培养基

以下培养基任选其一：

——PDA改良培养基。

· 豆饼粉20g加水1 200mL煮沸15min，滤液定容至1 000mL，加入蛋白胨1g、酵母粉1g、硫酸镁0.5g、磷酸二氢钾1g、葡萄糖10g、蔗糖10g，pH值自然。

· 新鲜无病去皮马铃薯200g切片加水1 200mL煮沸15min，滤液定容至1 000mL，加入蛋白胨1.6g、酵母粉1.6g、硫酸镁0.5g、磷酸二氢钾1g、葡萄糖10g、蔗糖10g，pH值自然。

· 麦粒100g加水1 200mL煮沸15min，滤液定容至1 000mL，加入蛋白胨1.5g、酵母粉1.5g、硫酸镁0.5g、磷酸二氢钾1g、葡萄糖10g、蔗糖10g，pH值自然。

· 新鲜无病去皮红薯200g切片加水1 200mL煮沸20min，滤液定容至1 000mL，加入蛋白胨1.6g、酵母粉1.6g、硫酸镁0.5g、磷酸二氢钾1g、葡萄糖10g、蔗糖10g，pH值自然。

——PDA培养基。新鲜无病去皮马铃薯200g切片加水1 200mL煮沸20min，滤液定容至1 000mL，加入硫酸镁0.5g、磷酸二氢钾1g、蔗糖20g，pH值自然。

5.2.2 三角瓶液体菌种生产

5.2.2.1 装瓶

采用150～500mL三角瓶，培养基添加至刻度的2/3处，用带滤膜的封口膜封口后灭菌。

5.2.2.2 灭菌

121～122℃（0.11～0.12MPa）保持25min灭菌。

5.2.2.3 接种和培养

接种量是取2～3mm大小母种10～12块放进液体培养基中，培养温度在23～26℃，振荡频率（搅拌速度）140～160r/min下振荡培养8～10d。

5.2.2.4 检验

液体菌种接种后第3天对三角瓶逐个进行纯度检验，及时清理未活或污染的三角瓶。

5.2.3 菌种罐液体菌种生产

5.2.3.1 装罐和灭菌

填装培养基至液体菌种罐2/3处，按照液体菌种罐说明书要求，对液体菌种罐和液体培养基灭菌，待液体培养基冷却至30℃以下时进行接种。

5.2.3.2 接种与培养

将培养好的三角瓶液体菌种接入到液体菌种罐中，接种量为培养基总体积的8%～10%，培养温度（25±2）℃，搅拌转速150～160r/min，罐压0.04MPa，通风量0.7N·m³/h。培养时间3～5d。

液体菌种转接不得超过3次。

5.2.4 检验

液体菌种接种后第3天对罐内培养基进行纯度检验，及时清理未活或污染的罐内培养基后，对液体菌种罐高压消毒（表4）。

表4　灵芝液体菌种感官要求

项目	要求
容器	完整、无破损、无裂纹
菌丝生长量	培养基1/3～1/2
菌丝体特征	白色至透明块状、生长旺健
培养基	清澈、无杂色
杂菌	无杂菌

6　入库

检验合格的固体菌种应及时入菌种库，详细记录各生产环节，液体菌种生产应该随用随生产，不能进行入库保存。

菌种库温度应该1～4℃，避光，适当通风但应该对空气进行杀菌处理。母种在库中贮存时间不应长于50d，贮存时间超出50d的母种应该进行出菇检验后再进行后续生产。

每隔20d进行一次检查，挑出破损、污染、生产异常的菌种。

7　留样

各级菌种均应留样，每批次留样3个（支），贮存在1～4℃，贮存至购买者购买后正常生产条件下出第一潮菇。

ICS 65. 020. 01

B 30

DB15

内 蒙 古 自 治 区 地 方 标 准

DB15/T 1627—2019

杏鲍菇菌种生产技术规程

Regulation of Strain Manufacture for *Pleurotus eryngii*

2019-04-10发布 　　　　　　　　　　　2019-07-10实施

内蒙古自治区市场监督管理局 　　发 布

前　言

本标准按照GB/T 1.1—2009给出的规则编写。

本标准由内蒙古自治区农牧业科学院提出。

本标准由内蒙古自治区农业标准化技术委员会（SAM/TC 20）归口。

本标准起草单位：内蒙古自治区农牧业科学院、食用菌内蒙古自治区工程研究中心。

本标准主要起草人：庞杰、孙国琴、王海燕、于传宗、潘永圣、宋秀敏、云利俊、郭俊波、高天云、李国银、李亚娇、刘彬。

杏鲍菇菌种生产技术规程

1　范围

本标准规定了制作杏鲍菇［*Pleurotus eryngii*（DC. ex. Fr.）Quel］母种、原种和栽培种制作技术流程要点等。

本标准适用于工厂化生产企业或专业合作社生产杏鲍菇母种、原种和栽培种。

2　术语和定义

下列术语和定义适用于本文件。

2.1

杏鲍菇　*Pleurotus eryngii*

又名刺芹侧耳，隶属于伞菌目、侧耳科、侧耳属，因其具有杏仁的香味和菌肉肥厚如鲍鱼的口感而得名。

2.2

菌种　spawn

菌丝体生长在适宜基质上具结实性的菌丝培养物。分为母种（一级种）、原种（二级种）和栽培种（三级种）三级。

2.3

母种　stock culture

经组织分离、孢子分离等方式获得的具有结实性的菌丝体纯培养物及其继代培养物，以玻璃试管或培养皿为培养容器和使用单位，也称为一级种、试管种。

2.4

原种　pre-culture spawn

由母种移植、扩大培养而成的菌丝体纯培养物，也称为二级种。

2.5

栽培种　spawn

由原种移植、扩大培养而成的菌丝体纯培养物，也称为三级种。栽培种只能用于扩大到栽培出菇袋或直接出菇，不可以再次扩大繁殖菌种。

2.6

固体菌种　solid spawn

以富含木质素、纤维素和半纤维素或淀粉含量高的谷物粒等天然有机物为主要原料，添加适量的有机氮源和无机盐类，具一定水分含量的培养基培养的纯菌丝体，是传统食用菌生产使用菌种状态，也用于菌种保存。

2.7

液体菌种 liquid spawn

培养基营养成分与母种相同、不加琼脂的液体培养基，通过摇瓶振荡培养或深层发酵技术快速获得大量的纯双核菌丝体，菌丝体在液体培养基中呈絮状或球状。液体菌种可以作为原种或栽培种直接接种在固体培养袋中，不能进行菌种保存。

3 菌种生产要求

3.1 人员

菌种生产需要经过专业培训、掌握杏鲍菇基础知识及杏鲍菇菌种生产技术规程要求的技术人员和检验人员。

3.2 环境

应选择地势高，通风良好，空气清新，水源近，排水通畅，交通便利的场所。300m之内无酿造厂、集贸市场、规模养殖的畜禽舍、垃圾和粪便堆积场，无污水、废气、废渣、烟尘和粉尘等污染源。

3.3 设施

厂房要求有各自隔离的摊晒场、原材料库、配料分装库。配套有配料室、搅拌室、装袋（瓶）室、灭菌室、冷却室、接种室、培养室（通风好，有纱窗）、菌种检测室及菌种冷藏库等各环节的设施。冷却室、接种室、培养室都要有离子净化设施。

3.4 设备

生产需要粉碎机、电子秤、搅拌机、装袋（瓶）机、高压灭菌锅或常压灭菌锅、离子净化器、超净工作台或接种箱、恒温培养箱、培养架、摇床、液体菌种罐（30～250L）、显微镜等设备。

3.5 容器

3.5.1 母种生产容器

试管选用18mm×180mm或者20mm×200mm；培养皿选用直径7～9cm玻璃培养皿或一次性塑料培养皿。

3.5.2 原种、栽培种生产容器

3.5.2.1 固体菌种

原种采用850mL以下、瓶口直径≤4cm、耐126℃高温的透明瓶子，或采用（12～17）cm×（22～28）cm的聚丙烯塑料袋。栽培种采用同原种要求相同的瓶子，也可采用（15～17）cm×（33～35）cm的聚丙烯塑料袋。

3.5.2.2 液体菌种

三角瓶液体菌种容器：采用150～500mL三角瓶，带滤膜的封口膜。

液体菌种罐：采用专业厂家生产的液体菌种罐。

3.6 培养原料

硫酸镁、磷酸二氢钾、蛋白胨、蔗糖、葡萄糖、石膏、琼脂粉等均采用分析纯。马铃薯、麦粒、谷粒、玉米粒、柠条粉、棉籽壳、木屑、玉米芯粉、豆秸粉要求无霉变。

4 母种生产

4.1 生产流程

见示例图1。

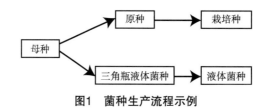

图1 菌种生产流程示例

4.2 培养基

新鲜无病去皮马铃薯200g切片加水1 000mL煮沸20min，取滤液定容至1 000mL，加入硫酸镁1.5g、磷酸氢二钾3g、蔗糖20g、琼脂粉10～15g，pH值自然。

4.3 试管母种制作

4.3.1 分装

分装培养基至试管1/4处，用棉塞或硅胶塞封闭试管口，每5支试管为1把，牛皮纸包棉塞，橡皮筋扎紧，棉塞向上放置。棉塞应采用梳棉，不能使用脱脂棉。

4.3.2 灭菌

121～124℃（0.11～0.14MPa）保持25min。

4.3.3 冷却

灭菌完毕后自然降压，降温至（65±5）℃时取出试管，在空气清洁的室内摆斜面，斜面长度不超过试管长度的2/3，自然降温凝固后呈斜面。

4.4 培养皿母种制作

4.4.1 灭菌

培养基装入300～500mL三角瓶至刻度的2/3处，用带滤膜的封口膜封口后灭菌。培养皿用报纸包好，同时放入灭菌锅灭菌。在121～124℃（0.11～0.14MPa）保持25min。

4.4.2 分装

灭菌完毕后自然降压，降温至（70±5）℃时取出三角瓶和培养皿放入无菌超净工作台或接种箱内，将三角瓶内培养基摇匀后快速均匀倒入无菌培养皿中，培养基占培养皿高度的1/3~1/2。迅速盖好上盖。自然降温凝固后制成平板培养基。

4.5 检测

抽取3%~5%的试管和培养皿，在28℃下培养48h，无微生物长出为灭菌合格。

4.6 接种

在超净工作台或接种箱内接种，接种前用紫外线灭菌灯照射30min后打开风机20min，之后用75%酒精进行表面消毒。接种的菌块3~5mm，接种在培养皿或试管的中部。培养皿需用石蜡封口膜密封。接菌过程严格执行无菌操作，接种后及时贴好标签并做好记录。

4.7 培养

在18~26℃，空气湿度在75%以下，通风避光培养。

4.8 母种检查

母种接种后第3天、第7天和菌丝体长满培养基后分别逐个进行检验，挑出未活、污染和生长不良的不合格培养物，拿到准备室及时进行淘汰处理（表1）。

表1 杏鲍菇母种感官要求

项目	要求
容器	完整、无损、洁净
棉塞或无棉盖体	干燥、整洁、松紧适度、能满足透气和过滤要求
培养基灌入量	为试管总容积的1/4，培养皿高的1/3~1/2
菌丝生长量	长满斜面或平板
菌丝体特征	洁白、浓密、旺健
菌丝体表面	均匀、舒展、平整
菌丝体分泌物	无
菌落边缘	整齐
杂菌菌落	无
斜面背面外观	培养基不干缩，颜色均匀，无暗斑、无色素

5 原种、栽培种生产

5.1 固体菌种生产

5.1.1 培养基

——粮食培养基。谷粒、麦粒或玉米粒90%，柠条粉、棉籽壳、木屑、玉米芯粉或豆秸粉9%，石膏1%，水分含量（50±2）%，石灰水调节pH值至6~7。

——组合培养基。

· 阔叶木屑58%，玉米芯21%，麸皮20%，石膏1%，水分含量（60±2）%，石灰水调节pH值至6~7。

· 柠条粉60%，玉米芯21%，麸皮18%，石膏1%，水分含量（60±2）%，石灰水调节pH值至6~7。

· 豆秸粉60%，玉米芯21%，麸皮18%，石膏1%，水分含量（60±2）%，石灰水调节pH值至6~7。

· 棉籽壳80%，麸皮19%，石膏1%，水分含量（60±2）%，石灰水调节pH值至6~7。

· 柠条粉80%，麸皮19%，石膏1%，水分含量（60±2）%，石灰水调节pH值至6~7。

5.1.2 装袋（瓶）

培养基的多种组成按照比例称量干料搅拌均匀，边加水边混拌均匀，含水量（60±2）%。采用装袋（瓶）机或人工进行装袋（瓶），人工装袋（瓶）需用锥形木棍在袋口处打孔，孔直径1~1.5cm，深度为8~12cm，每袋（瓶）装干培养基500~600g，无棉盖体或海绵封口。

5.1.3 灭菌

培养基质装袋（瓶）后要求在3h之内使菌种袋表面温度达到100℃。灭菌可分为高压灭菌和常压灭菌。

常压灭菌：保持100℃ 8~9h。

高压灭菌：组合培养基维持121~123℃（0.11~0.13MPa）2h；粮食培养基维持121~123℃（0.11~0.13MPa）2.5h。

5.1.4 接种

原种、栽培种在超净工作台或接种箱内接种，接种前打开紫外线灭菌灯照射30min，接种时用75%酒精对超净工作台或接种箱进行表面擦拭消毒。

原种接种：每个原种接入2~3cm大小母种1~2块。

栽培种接种：每个栽培种接入原种量不得少于15g。

菌种都应从容器开口处接种，不应打孔多点接种。要严格按无菌操作接种，每批接种应为单一品种，如中途换品种时采用75%酒精对超净工作台或接种箱进行表面擦拭消毒。

5.1.5 培养

杏鲍菇菌丝体在5～30℃均可生长，最适生长温度为23～25℃，空气湿度在75%以下，通风避光培养。

5.1.6 检验

接种后第7天、第10天和菌丝体长满袋（瓶）后，逐个全面检验，挑出未活、污染和生长不良及破损的不合格菌种袋（瓶），拿到准备室及时进行淘汰处理（表2、表3）。

表2 杏鲍菇原种感官要求

项目	要求
容器	完整、无破损、洁净
棉塞或无棉盖体	干燥、整洁、松紧适度、能满足透气和滤菌要求
培养基上表面距瓶（袋）口的距离	（50±5）mm
菌丝生长量	长满容器
菌丝体特征	洁白浓密，生长旺健
培养物表面菌丝体	生长均匀、无高温抑制线
培养基及菌丝体	紧贴瓶壁、无干缩
菌丝分泌物	无、允许少量无色至棕黄色水珠
杂菌菌落	无
子实体原基	无

表3 杏鲍菇栽培种感官要求

项目	要求
容器	完整、无破损
棉塞或无棉盖体	干燥、整洁、松紧适度、能满足透气和滤菌要求
培养基上表面距瓶（袋）口的距离	（50±5）mm
菌丝生长量	长满容器
菌丝体特征	生长均匀、色泽一致、无角变、无高温抑制线
培养基及菌丝体	紧贴瓶壁、无干缩
菌丝分泌物	无
杂菌菌落	无
子实体原基	允许少量、出现原基种类≤5%

5.1.7 贮存

原种和栽培种在0~4℃下贮存,贮存期不超过50d。

摆放在层架或者贮存在筐内。

5.2 液体菌种生产

5.2.1 培养基

以下培养基任选其一:

——麸皮60g/L,葡萄糖20g/L,磷酸二氢钾0.5g/L,硫酸镁0.5g/L,维生素B_1 0.01g/L,蛋白胨3g/L。

——玉米粉60g/L,葡萄糖20g/L,磷酸二氢钾0.5g/L,硫酸镁0.5g/L,维生素B_1 0.01g/L,蛋白胨3g/L。

——黄豆粉60g/L,葡萄糖20g/L,磷酸二氢钾0.5g/L,硫酸镁0.5g/L,维生素B_1 0.01g/L,蛋白胨3g/L。

——豆粕60g/L,葡萄糖20g/L,磷酸二氢钾0.5g/L,硫酸镁0.5g/L,维生素B_1 0.01g/L,蛋白胨3g/L。

——黄豆饼粉60g/L,葡萄糖20g/L,磷酸二氢钾0.5g/L,硫酸镁0.5g/L,维生素B_1 0.01g/L,蛋白胨3g/L。

——马铃薯60g/L,葡萄糖20g/L,磷酸二氢钾0.5g/L,硫酸镁0.5g/L,维生素B_1 0.01g/L,蛋白胨3g/L。

5.2.2 三角瓶液体菌种生产

5.2.2.1 装瓶

采用150~500mL三角瓶,培养基添加至刻度的2/3处,用带滤膜的封口膜封口后灭菌。

5.2.2.2 灭菌

121~122℃(0.11~0.12MPa)保持25min灭菌。

5.2.2.3 接种和培养

取3~5mm大小母种10~12块放进液体培养基中,培养温度16~26℃,振荡频率(搅拌速度)140~160r/min下振荡培养8~10d。

5.2.2.4 检验

液体菌种接种后第3天对三角瓶逐个进行检验,及时清理未活或污染的三角瓶。

5.2.3 菌种罐液体菌种生产

5.2.3.1 装罐和灭菌

填装培养基至液体菌种罐2/3处,按照液体菌种罐说明书要求,对液体菌种罐和液体培养基灭菌,待液体培养基冷却至30℃以下时进行接种。

5.2.3.2 接种与培养

将培养好的三角瓶液体菌种接入液体菌种罐中，接种量为培养基总体积的8%~10%，培养温度（24±2）℃，搅拌转速150~160r/min，罐压0.04MPa，通风量0.7N·m³/h。培养时间3~5d。

5.2.4 检验

液体菌种接种后第3天对罐内培养基进行纯度检验，及时清理未活或污染的罐内培养基后，对液体菌种罐高压消毒（表4）。

表4 杏鲍菇液体菌种感官要求

项目	要求
容器	完整、无破损、无裂纹
菌丝生长量	培养基1/3~1/2
菌丝体特征	白色至透明块状、生长旺健
培养基	清澈、无杂色
杂菌	无杂菌

6 入库

检验合格的固体菌种应及时入菌种库，详细记录各生产环节，液体菌种生产应该随用随生产，不能进行入库保存。菌种库温度应该1~4℃，避光，适当通风但应该对空气进行杀菌处理。母种在库中贮存时间不应长于50d，贮存时间超出50d的母种应该进行出菇检验后再进行后续生产。每隔20d进行一次检查，挑出破损、污染、生产异常的菌种。

7 留样

各级菌种均应留样，每批次留样3个（支），贮存在1~4℃，贮存至购买者购买后正常生产条件下出第一潮菇。

ICS 65.020.01
CCS B16

DB15

内 蒙 古 自 治 区 地 方 标 准

DB15/T 2481—2021

黑木耳病害综合防治技术规程

Technical Code for Integrated Control of *Auricularia auricula* Diseases

2021-12-25发布

2022-01-25实施

内蒙古自治区市场监督管理局 　 发 布

前　言

本文件按照GB/T 1.1—2020《标准化工作导则　第1部分：标准化文件的结构和起草规则》的规定起草。

本文件由内蒙古自治区果蔬标准化委员会（SAM/TC 25）归口。

本文件起草单位：内蒙古自治区农牧业科学院、呼伦贝尔市农牧技术推广中心、内蒙古自治区水利科学研究院、内蒙古自治区农牧业技术推广中心。

本文件主要起草人：庞杰、于传宗、慕宗杰、包妍妍、王海燕、李亚娇、孙国琴、巴图、常海文、康立茹、韩凤英、朱春侠、扈顺、孔令江。

黑木耳病害综合防治技术规程

1 范围

本文件规定了黑木耳主要病害防控的术语和定义、主要病害及其防控。

本文件适用于露地和设施黑木耳生产中的主要病害防控。

2 规范性引用文件

下列文件中的内容通过文中的规范性引用而构成本文件必不可少的条款。其中，注日期的引用文件，仅该日期对应的版本适用于本文件；不注日期的引用文件，其最新版本（包括所有的修改单）适用于本文件。

GB/T 12728　食用菌术语

NY/T 2375　食用菌生产技术规范

3 术语和定义

GB/T 12728界定的术语和定义适用于本文件。

3.1

侵染性病害　infectious diseases

由真菌、细菌、病毒、线虫等病原物引起的病害。

［来源：GB/T 12728—2006.2.7.7，有修改］

3.2

生理性病害　physiological diseases

由环境条件引起或非病原导致的黑木耳生长发育异常的现象。

［来源：GB/T 12728—2006.2.7.8，有修改］

4 主要病害

4.1 菌丝体期的主要病害

4.1.1 侵染性病害

病原有木霉、青霉、曲霉、毛霉、根霉、链孢霉、酵母菌、黏菌等菌物。其被害症状及发生条件见表1。

表1 菌丝体期主要侵染性病害

病原名称	被害症状	发生条件
链孢霉	在棉塞外面或塑料袋外长出橙红色团状或球状孢子堆。	在25~36℃，培养料含水量60%左右，pH值为5.0~7.5，氧气充足时链孢霉的菌丝迅速生长并很快产生孢子。
木霉	初期在培养基质上长出白色纤细的菌丝（也叫霉层），菌丝体致密，菌落初期为圆形，4~5d菌丝由白色变成浅绿色的粉状物，之后分别变成深绿色或蓝绿色（绿色木霉），黄绿色或绿色（康氏木霉）。几天内整个料面就会被木霉菌所覆盖。	高温（30℃以上）、高湿（空气相对湿度95%以上）、培养基质偏酸性（pH值为4~5）和通风不良的环境条件有利于木霉的发生蔓延。
曲霉	培养基上黄曲霉菌落初期略带黄色，后渐变为黄绿色，最后呈褐绿色，分生孢子球形，黄绿色。黑曲霉菌落初为白色，后为黑色，分生孢子球形，炭黑色。灰绿曲霉菌落初为白色，后为灰绿色，分生孢子椭圆形至球形，淡褐色。	最适生长温度为25~30℃，空气相对湿度为80%。黑曲霉菌最适生长温度为20~30℃，空气相对湿度为85%以上；灰绿曲霉在20~35℃和65%~80%的湿度条件下生长。
青霉	在被污染的培养料上，菌丝初期呈白色，形成圆形的菌落，随着分生孢子的大量产生，颜色变为灰绿色、黄绿色或青绿色。在生长期，常可见到宽1~2mm的白色边缘，菌落呈茸毛状，扩展较慢，有局限性。生长后期的菌落表面常交织起来，形成一层膜状物，覆盖在料面，能隔绝料面空气，同时还分泌毒素，使黑木耳菌丝体死亡。	在很多有机物上均能生长，在28~30℃，空气相对湿度在90%以上偏酸的环境中，最容易发生。
毛霉	在受污染的培养料上，初期长出灰白色粗壮稀疏的气生菌丝，生长速度明显快于黑木耳的菌丝生长。后期气生菌丝顶端形成许多圆形小颗粒体，即孢子囊，初为无色、黄白色后变为灰褐色、黑色。与根霉相比黑色小颗粒明显少。	在高温高湿条件下生长迅速。培养料、接种室（箱）灭菌不彻底，工作人员没有严格按照规程操作或菌种瓶（袋）的棉花塞受潮，均可造成毛霉污染。
根霉	菌种培养基或栽培料被污染后，初期匍匐状气生菌丝，与基面平行作跳跃式蔓延，每隔一定距离，在与培养料的接触点处产生假根，多分枝，褐色。后期在假根处长出孢子囊梗，每丛2~4根，直立不分枝，顶端形成圆球形的小颗粒，即孢子囊，初为灰白色或黄白色，成熟后变成黑色，整个菌落的外观如一片林立的大头针。	喜中温、高湿、偏酸的环境，碳水化合物过多易长此杂菌。广泛分布于谷物、块根和水果上，粪便、土壤和死亡的动植物体上常有发生。
酵母菌	被酵母菌污染的试管，形成表面光滑、湿润、似浆糊状或胶质状的菌落，不同种则颜色不同。无气生菌丝。后期培养料发酵变质，散发出酒酸气味，呈湿腐状。	高温、高湿及通风差时发生率较高。培养基灭菌不彻底，接种没有按无菌操作规程进行，是发生的主要原因。

（续表）

病原名称	被害症状	发生条件
黏菌	在料面、菌袋表面及段木上长出一大团的原生质团，在营养生长期，原生质团向潮湿、黑暗和有机质丰富的地方移动，而在生殖生长阶段，则向干燥有光线的地方移动，故又称该团为变形体。黏菌不仅能污染培养料面段木，与木耳争空间和养分，同时还可围食黑木耳的菌丝和孢子。耳床受害，造成不出耳；菌筒受害，造成烂筒，出耳极少或不出耳，子实体受害，易于腐烂，失去商品价值。	黏菌适宜生长在有机质丰富、环境潮湿且比较阴暗的地方。培养料含水量偏高，耳房（棚）通气不良，气温又较高，有利于黏菌孢子的萌发和生长。
拟盘多毛孢菌	初期在培养料上形成白色、纤细的菌丝，10d后菌丝生长浓密并略带浅黄色。20d后如果有光线刺激开始形成细小的黑色颗粒，并分泌少量的黑褐色色素，小颗粒质地坚硬、粗糙，30d后小颗粒布满整个菌袋，菌丝与小颗粒之间黑白分明。	具有弱寄生性，主要以菌丝体或分生孢子盘在病组织中越冬。分生孢子靠气流传播。生长最适宜温度为28~32℃，最适pH值为5，孢子形成需要光线刺激。培养料木屑或玉米芯颗粒过大，预湿时间短，培养料内干外湿时发生严重。
细菌	细菌的菌落较小，多数表面光滑、湿润、半透明或不透明，有的还有各种颜色，少数表面干燥并有褶皱。培养料受细菌污染后，呈现黏湿、色深，并散发出臭味。	细菌适于生活在高温、高湿及中性、微碱性的环境中。采用谷粒菌种发生细菌污染严重；培养料含水量偏高、培养基灭菌不彻底是造成细菌污染的主要原因。无菌操作不严格、培养温度高、环境不清洁也是细菌发生的条件。
放线菌	被污染的部位有时会出现溶菌现象；有的会形成干燥发亮的膜状组织；有的还交织产生类似子座那样的结构，但都具有独特的农药臭味或土腥味。	放线菌的繁殖需要氧气和高温条件，在46~57℃时生长茂盛。
木栖柱孢霉	在木耳菌袋上形成似皮肤上疤痕状深褐色不规则的斑块，斑块外围颜色深，斑块质地硬实，表面摸之有滑腻感，具光泽。在病斑与木耳菌丝交界处具红褐色拮抗线，边缘不整齐。病斑可不断地向健康菌丝蔓延，直至整个菌袋。若在菌丝生长点处侵了油疤病，则在感染点以下部位黑木耳菌丝均不能生长；若在已经长出菌丝的部位侵染，则已长出的菌丝会被逐渐侵蚀消解。严重时菌斑可以吞噬掉整个菌袋，造成严重减产。病害蔓延迅速，可在短期内扩展至整个棚架，传染性极强。	广泛存在于棚室覆盖物、层架、土壤、植物残体或各种食用菌栽培废弃袋中。菌丝生长速度较快，最适生长温度为25℃，在10~30℃下均可生长。菌袋破损或穿孔是病菌感染的重要途径，浇水或喷水可促进病原菌的传播扩散。栽培棚内喷水过勤湿度过大，特别是采用浇灌或雨水淋灌，易造成病原菌的扩散。

4.1.2 生理性病害

其被害症状及发生条件见表2。

表2　菌丝体期主要生理性病害

病原名称	被害症状	发生条件
菌丝生长不整齐	接种后，菌丝生长不整齐，在菌袋上出现无菌丝的区域，但又无其他杂菌出现。	培养料中含有害物质，抑制菌丝体生长。

4.2　子实体期的主要病害

4.2.1　侵染性病害

子实体期侵染性病害症状及发生条件见表3。

表3　子实体期主要侵染性病害

病原名称	被害症状	发生条件
绿藻	菌袋变成绿色或草绿色，划开菌袋有绿色片状的绿藻。	喷水不干净，储水容器内发生绿藻。菌袋内长时间积水。

4.2.2　生理性病害

子实体期生理性病害有拳耳、吐黄水、流耳、黄耳、红根病、干孔病等。其被害症状及发生条件见表4。

表4　子实体期主要侵染性病害

病原名称	被害症状	发生条件
拳耳	耳基形成，并能分化出耳片，但是耳片不能正常展开。	耳基形成后，环境湿度长时间低于70%；或者耳基形成后遇到低温，耳片生长发育受到抑制。
吐黄水	菌袋内有黄色液体，菌丝体呈现出干枯、平板状。	菌棒堆积密集，菌堆温度过高；菌丝体老化；其他环境不适合菌丝体生长导致菌丝体衰亡。
流耳	耳片变成胶质状，颜色变浅，严重时呈胶质状液态流下。	生长温度长时间高于30℃且湿度较大，通风不良条件下发生。
黄耳	耳片停止褐色素的分泌，耳片变黄、变大。	高温或低温刺激。
红根病	耳芽形成初期，耳芽发黄或发红。在耳片伸展期，耳根发红，耳片发黄，最终导致耳根发红或发黄，耳片不黑，质量下降。	摆袋过密或连雨天光照不足；栽培袋生产过早，困菌时间长、下地过晚；配方中加入玉米粉过多，培养过程中温度过高。
干孔病	耳袋刺孔后，孔内菌丝不能恢复，大量菌丝枯萎、死亡，刺孔处呈黑点状。	耳袋刺孔后直接排场，遇高温、大风等干燥天气，菌丝不能恢复。

5 病害防控措施

5.1 病害前期预防

5.1.1 环境处理

菇房、晒场、院落及四周应定期打扫，清除垃圾、杂草和废料，保持清洁卫生，定期严格消毒。菌棒生产厂的无菌室、冷却室、接种室、培养室、保藏室、栽培场（菇房、菇棚）等严格区分，使用之前24h之内对环境进行严格消毒。消毒方法选用以下一种，紫外线、臭氧消杀或5%的石灰水、10%的漂白粉水、2%～3%高锰酸钾溶剂喷洒或15～20g/m³硫黄等药物熏蒸。

5.1.2 培养料处理

培养基质选择新鲜无霉变的主辅料。培养料拌匀后含水量60%～65%，pH值5.5～6.0。放置3h以上，24h以内装袋灭菌。

菌袋灭菌应执行NY/T 2375中的培养料灭菌操作，高纬度、高海拔地区常压灭菌要适当延长3～5h。

5.1.3 接种处理

菌袋灭菌后要在清洁的冷却室内自然冷却。

接种时严格执行NY/T 2375中的无菌操作，对使用的工具、接种场所和菌种外包装等进行严格消杀处理，消杀方法选用以下一种，紫外线、臭氧消杀或75%的酒精溶液、5%的石灰水、10%的漂白粉水、2%～3%高锰酸钾溶剂喷洒或15～20g/m³硫黄等药物熏蒸。菌种外包装不可用紫外线、臭氧消杀。

5.2 菌丝体期病害防控

5.2.1 培养环境

菌棒接种后在清洁的培养室养菌，培养室温度15～28℃，通风口要有大于等于60目的防虫网。

菌棒摆放不超过5层，最好使用培养架培养。

5.2.2 病害发生处理

每天对菌棒进行外观检查，发现污染及时清理。

单一菌棒污染，将菌棒清理到远离菌棒生产场所的区域，注意处理完污染菌棒后应对外衣等进行消毒处理。

菌棒表面有多点污染，应密切观察同批次灭菌菌棒，建议对同批次的菌棒重新灭菌接种。

发生污染后及时对养菌场所环境及污染菌棒周边菌棒进行消杀，消杀方法选用以下一种，75%的酒精溶液、5%的石灰水、2%～3%高锰酸钾溶剂喷洒或15～20g/m³硫黄等药物熏蒸。

5.3 子实体期病害防控

子实体期间由于环境不适宜导致拳耳、吐黄水、流耳等生理性病害，及时清理耳片，对环境进行改善。

发生绿藻将菌棒外塑料袋开口放水，晾1～2d恢复正常灌水。

ICS 65.020.01
CCS B16

DB15

内 蒙 古 自 治 区 地 方 标 准

DB15/T 2482—2021

食用菌虫害综合防治技术规程

Technical Code for Integrated Pest Control of Edible Fungi

2021-12-25 发布 2022-01-25 实施

内蒙古自治区市场监督管理局 发 布

前　言

本文件按照GB/T 1.1—2020《标准化工作导则　第1部分：标准化文件的结构和起草规则》的规定起草。

本文件由内蒙古自治区果蔬标准化委员会（SAM/TC 25）归口。

本文件起草单位：内蒙古自治区农牧业科学院、呼伦贝尔市农牧技术推广中心、内蒙古自治区水利科学研究院、内蒙古自治区农牧业技术推广中心。

本文件主要起草人：于传宗、慕宗杰、庞杰、包妍妍、王海燕、李亚娇、孙国琴、巴图、常海文、康立茹、韩凤英、朱春侠、扈顺、孔令江。

食用菌虫害综合防治技术规程

1 范围

本文件规定了食用菌主要虫害防控的术语和定义、主要虫害及其防控。

本文件适用于内蒙古自治区露地和设施食用菌生产中的主要虫害的防控。

2 规范性引用文件

下列文件中的内容通过文中的规范性引用而构成本文件必不可少的条款。其中，注日期的引用文件，仅该日期对应的版本适用于本文件；不注日期的引用文件，其最新版本（包括所有的修改单）适用于本文件。

GB/T 8321 （所有部分）农药合理使用准则

NY/T 393 绿色食品农药使用准则

NY/T 2375 食用菌生产技术规范

3 术语和定义

下列术语和定义适用于本文件。

3.1

农业防控 agricultural prevention and control

利用农业措施创制适宜食用菌健壮生长而不利于害虫生长发育的环境条件，从而抑制害虫发生为害，达到防控虫害的目的。

3.2

物理防控 physical prevention and control

利用物理的防治方法，直接消灭或恶化害虫生长环境，达到消灭或抑制害虫的方法。

3.3

生物防控 biological prevention and control

利用生物或生物代谢产物防控害虫发生的方法。

3.4

化学防控 chemical prevention and control

应用化学药物杀灭或抑制害虫发生的方法。

3.5

人工防控　manual prevention and control

人工捕捉害虫（个体较大、行动迟缓的害虫如蛞蝓等），作为其他防控办法的重要辅助手段。

4　主要虫害

食用菌的主要害虫有眼菌蚊、瘿蚊、跳虫、蓟马、黑腹果蝇、螨类、蛞蝓、线虫、白蚁、家蝇等。其被害症状及发生条件见表1。

表1　菌丝体期主要害虫

害虫名称	形态特征	生活习性	为害症状
眼菌蚊	成虫体深灰色至黑色。爬行很快，且能飞翔，前翅发达，后翅退化，细长足3对。幼虫白色，近透明，头黑色发亮，无足软体。	在13～20℃室温和90%～95%的相对湿度下均可繁殖，一年10代左右，完成一代需要16～21d，成虫寿命3～6d。在22～30℃条件下，幼虫历经5～7d，蜕皮2～3次，蛹期3～5d，幼虫有群居性、趋光性，较喜阴湿。卵、幼虫和蛹可通过培养料或栽培室残留杂物带入耳房；成虫直接飞入耳场。	幼虫取食菌丝和子实体，被害的菌丝迅速退化，子实体发黄，菌柄基部呈海绵状枯萎或腐烂。
瘿蚊	成虫、胸部背面深褐色，其他灰褐色或橘红色，体长0.97～1.17mm，足细长，基节短，腹部可见8节。卵肾形。幼虫体分13节，有1对触角，无足。	18℃时卵期4d左右。18～20℃时，有性繁殖的幼虫期为10～16d，蛹期6～7d。幼体生殖，全世代历期，25℃时3～4d，20℃时7d。成虫、幼虫都有趋光性。	成虫在料中产卵，幼虫孵化后取食菌丝，出耳后为害子实体，70%幼虫集中在菌褶处。
跳虫	跳虫是弹尾的昆虫，体长约1mm，幼虫白色，成虫灰蓝色。	对温度适应范围广，喜欢潮湿、腐殖质多的环境，行动灵活，弹跳力强，能成群地漂在水面上。卵产在培养料和土壤里，可随土壤、培养料、水进入耳场，成虫也可弹跳进入。	咬食菌丝，使菌丝斑秃；咬食子实体出现凹点、小孔洞，聚集于菌褶间，降低商品质量。
蓟马	体型小，长1.5～3mm，体细长，白色至褐色或黑色，有的若虫红色。身上有六角形花纹或棘等。头狭，触角9节。刺吸式或锉吸式口器，右侧上腭退化；下腭变形为螫针。卵长，卵圆形至肾形。	日间活动，行动敏捷，能飞善跳，并传播病毒。	取食孢子、菌丝体或腐殖质汁液，致使菌丝消失、子实体干缩。

（续表）

害虫名称	形态特征	生活习性	为害症状
黑腹果蝇	体长3~4mm，色淡黄，触角3节，幼虫初为白色透明，后为黄色，长1~8mm，无足、蛆形。	黑腹果蝇常栖息于腐烂的水果、垃圾、食品废料中，食性杂，营腐生生活。	幼虫从菌柄和菌盖交接处钻蛀进入，表面可见蛀孔，菌丝和子实体受侵害后，停止生长；子实体受害后，变成红褐色，随后枯萎、腐烂。
螨类	虫体很小，只有在成堆成片时，才可能看到有粉末状东西。受害菌瓶（袋）的菌丝不萌发，萎缩进而稀疏退化。	喜温暖、潮湿环境，常潜伏在土壤、培养料、畜粪内，并随同这些材料进入耳房。也可随空气漂移，借人、昆虫、生产工具等进行传播。螨虫能以成螨和卵的形式在耳房层架间隙内越冬，在温度适宜和养料充分时继续为害。	发生螨害的菌种很难萌发，萌发后菌丝细弱稀疏；为害菌丝造成退菌、培养基潮湿、松散，培养基失去出菇（耳）能力。为害子实体生长缓慢，外表无光泽，有凹痕，菌盖边缘破裂、萎缩失水，根部光秃、耳片干枯而死亡，温度过高时还会腐烂。
蛞蝓	软体动物，伸缩爬行，主要有野蛞蝓、黄蛞蝓和双线嗜黏液蛞蝓3种，卵无色至淡黄色，透明；成虫暗灰色至黄褐色，头部有触角1对，可伸缩，爬行时身体可伸长到3~12cm。	白天躲藏在阴暗潮湿的草丛、枯枝、落叶、石块、砖块、瓦砾下面，夜晚外出活动并为害；食性杂，除取食各种食用菌子实体外，还取食蔬菜、花卉和其他作物。	嗜潮湿环境，多于夜晚出来咬食菌伞、菌褶，使子实体残缺不全。
线虫	线虫白色透明、圆筒形或线形，是营寄生或腐生生活的一类微小的低等动物，属无脊椎的线形动物门，线虫纲。	线虫在潮湿透气的土壤、厩肥、秸秆、污水里随处可见，其生存能力强，能借助多种媒介和不同途径进入耳房。一条成熟的雌虫能产卵1 500~3 000粒，数周内增殖10万倍。低温下线虫不活泼或不活动，干旱或环境不利时，呈假死状态，休眠潜伏几年。	子实体根部发红，褐色基质变硬。
白蚁	体长7.5~8.5mm，翅长11mm，头近圆形，褐色，分泌孔不明显，触角21节，腹部黄褐色，翅灰白色透明，翅前缘黄褐色。	喜阴和潮湿，巢有主副之分，主巢一般近水源，较坚固隐蔽，主巢内有蚁王、蚁后、幼蚁、卵、部分工蚁和兵蚁。在野外菇棚发生较多，为害香菇子实体生长，为可为害菌棒。	主要咬食香菇子实体。

害虫名称	形态特征	生活习性	为害症状
家蝇	卵乳白色，长约1.0mm，长椭圆形，呈香蕉状，背面有2条纵脊。成虫体长5~8mm，灰褐色，眼暗红色，触角灰黑色，领须棕黑色，足黑色，有灰黄色粉被。	家蝇一般在垃圾及粪便上活动，并喜欢在没有腐熟好的棉籽壳及草菇废棉培养料上产卵，卵随料进入菇房，幼虫取食培养料及菌丝，一般播种后5~10d虫量达高峰。气温上升至15℃以上时，成虫开始活动，在25~35℃家蝇快速繁殖，世代周期为10~15d。每只雌成虫产卵量达600~800粒。	在培养料堆积发酵期间，家蝇成虫产卵于堆料中、幼虫群集于料面取食。在高温期覆土栽培的双胞蘑菇等品种，当原基形成、菇蕾成长时，成虫产卵于菇体上，幼虫取食原基造成原基消失和腐烂，幼菇菇柄被蛀食，使菇体发黄、萎缩、倒伏。

5 虫害防控措施

5.1 虫害前期防控

5.1.1 环境处理

菇房、晒场、院落及四周应定期打扫，清除垃圾、杂草和废料，保持清洁卫生，定期严格消毒。菌棒生产车间使用前采用15~20g/m³硫黄等熏蒸。用杀虫剂对设施进行多次全方位的喷雾处理。按GB/T 8321合理使用农药，连续喷洒4遍以上。

5.1.2 设施防虫管理

菌丝生长期用阿维菌素或高效氯氰菊酯或苦参碱或印楝素等高效低毒杀虫剂500倍液进行空间消杀，每隔一周喷洒一次。

虫害发生时，覆盖密闭熏蒸有虫菌袋。

5.2 出菇期虫害的防控措施

5.2.1 物理防控

5.2.1.1 黑光灯诱杀

每150m²安装1盏30W、波长330~390nm黑光灯，位于菌棒上方30~50cm处，灯下放置诱集液或装诱集瓶，诱杀瘿蚊、菇蚊等多种害虫。

5.2.1.2 杀虫灯诱杀

用波长320~680nm的频振式杀虫灯进行诱杀，杀虫灯悬挂于离地1.8m处，每隔10~15m安装1盏。

5.2.1.3 粘虫板诱杀

在菌棒上方30~50cm处悬挂30cm×20cm的黄色、蓝色粘虫板可以诱杀害虫，每10m²悬挂1片。

5.2.1.4 诱饵诱杀

按砷酸钙：麦麸：水=1：50：50的比例制成毒饵，在出菇畦走廊放置，每30m²放置10～30g。

炒熟的豆饼、菜籽饼等制作诱饵；在出菇畦铺若干医用纱布，纱布上放置诱饵，害虫聚集后将纱布放入沸水或火中灭杀。

5.2.1.5 人工捕捉

对个体较大的害虫及其他有害生物，如蛞蝓等，可在夜间人工捕杀。

5.2.1.6 防虫网阻隔

通风口和门口配置大于等于60目防虫网。

5.2.2 生物药剂防控

子实体形成前使用农用抗生素、鱼藤酮、苦参碱、印楝素等生物制剂喷雾杀死或者抑制螨类、跳虫、菌蛆等。喷施生物制剂后应及时通风降湿。

选用苏云金杆菌等微生物源杀虫剂防治多菌蚊、闽菇迟眼蕈蚊、真菌瘿蚊、短脉异蚤蝇、杂腹菇果蝇等菇蚊、菇蝇幼虫。

5.2.3 化学防控

使用农药应符合NY/T 393和NY/T 2375的要求，出菇期间禁用化学农药防治虫害。

6 虫害绿色防控记录与建档

建立防控档案，记录产地环境条件、生产投入品、栽培管理、虫害防控等内容，完善全程溯源体系。记录保留2年以上。

ICS 65. 020. 01
CCS B05

DB15

内 蒙 古 自 治 区 地 方 标 准

DB15/T 2540—2022

羊肚菌菌种制作技术规程

Regulation of Strain Manufacture for *Morehella esculenta*

2022-04-25 发布　　　　　　　　　　2022-05-25 实施

内蒙古自治区市场监督管理局　　　发 布

前　言

本文件按照GB/T 1.1—2020《标准化工作导则　第1部分：标准化文件的结构和起草规则》的规定起草。

本文件由内蒙古自治区果蔬标准化技术委员会（SAM/TC 25）归口。

本文件起草单位：内蒙古自治区农牧业科学院、赤峰市克什克腾旗农牧局、内蒙古瑞福杨种植专业合作社。

本文件主要起草人：于传宗、孙国琴、王海燕、庞杰、李亚娇、慕宗杰、于凤玲、刘瑞、田永雷、韩凤英、云伏雨、田文龙。

羊肚菌菌种制作技术规程

1 范围

本文件规定了羊肚菌菌种生产技术要求。

本文件适用于羊肚菌母种、原种和栽培种菌种生产技术。

2 规范性引用文件

下列文件中的内容通过文中的规范性引用而构成本文件必不可少的条款。其中，注日期的引用文件，仅该日期对应的版本适用于本文件；不注日期的引用文件，其最新版本（包括所有的修改单）适用于本文件。

GB 4806.7　食品安全国家标准　食品接触用塑料材料及制品

NY/T 528　食用菌菌种生产技术规程

NY/T 1731　食用菌菌种良好作业规范

3 术语和定义

下列术语和定义适用于本文件。

3.1

羊肚菌 *Morehella esculenta*

真菌学分类属盘菌目，羊肚菌科，羊肚菌属。羊肚菌由羊肚状的可孕头状体菌盖和一个不孕的菌柄组成。表面形成许多凹坑，似羊肚状，淡黄褐色，柄白色，菌盖表面有网状棱的子实层，边缘与菌柄相连。菌柄圆筒状、中空，表面平滑或有凹槽。

3.2

菌种 **spawn**

通过生产试验验证具有特异性、均一性和稳定性，丰产性好、抗性强的菌株或品种，生长在适宜基质上具结实性的菌丝培养物，包括母种、原种和栽培种。

3.3

母种 **stock culture**

经各种方法选育得到的具有结实性的菌丝体纯培养物及其继代培养物，也称为一级种、试管种。

3.4

原种 pre-culture spawn

由母种移植、扩大培养而成的菌丝体纯培养物，常以菌种瓶（玻璃菌种瓶或塑料菌种瓶）或（12～17）cm×（22～28）cm×（0.04～0.05）mm聚丙烯塑料袋为容器，也称为二级种。

3.5

栽培种 spawn

由原种移植、扩大培养而成的菌丝体纯培养物，常以菌种瓶（玻璃瓶或塑料瓶）或（15～17）cm×（33～35）cm×（0.04～0.05）mm聚丙烯塑料袋为容器，栽培种只能用于扩大到栽培出菇袋或直接出菇，不可以再次扩大繁殖菌种，也称为三级种。

4 菌种生产要求

4.1 人员

生产所需要的技术人员和检验人员经过专业培训、掌握基础知识及菌种生产技术规程要求的相应专业技术人员。

4.2 场地、厂房要求

菌种生产应选择地势高，通风良好，空气清新，水源近，排水通畅，交通便利的场所。

菌种生产厂房要求有各自隔离的摊晒场、原材料库、配料分装库。配套有配料室、搅拌室、装袋（瓶）室、灭菌室、冷却室、接种室、培养室（通风好，有纱窗）、菌种检测室及菌种冷藏库等各环节的设施。冷却室、接种室、培养室都要有离子净化设施。

4.3 生产设备

菌种生产需要粉碎机、电子秤、搅拌机、装袋（瓶）机、高压灭菌锅或常压灭菌锅、离子净化器、超净工作台或接种箱、恒温培养箱、培养架、摇床、液体菌种罐（30～600L）、显微镜等设备。符合NY/T 528规定。

5 母种生产

5.1 培养基

马铃薯200g（煮汁），葡萄糖20g，琼脂20g，蛋白胨0.5g，牛肉膏0.5g，水1 000mL。

5.2 容器

试管选用18mm×180mm或者20mm×200mm；培养皿选用直径7～9cm玻璃培养皿或一次性塑料培养皿。

5.3 分装和灭菌

5.3.1 斜面培养基分装和灭菌

分装培养基至试管1/4处，用棉塞或硅胶塞封闭试管口，每5支试管为1把，牛皮纸包棉塞，橡皮筋扎紧，棉塞向上放置。棉塞应采用梳棉，不能使用脱脂棉。121～122℃（0.11～0.12MPa）恒温灭菌25min。

降温至（65±5）℃时取出试管，在空气清洁的室内摆斜面，要求斜面长度不超过试管长度的2/3，自然降温凝固后成斜面。从摆好的试管中抽取3%～5%的试管，在28℃下培养48h，无微生物长出为灭菌合格。

5.3.2 平板培养基分装和灭菌

培养基装入300～500mL三角瓶至刻度的2/3处，用带滤膜的封口膜封口后放入灭菌锅；玻璃培养皿用报纸包好，放入灭菌锅。在温度升至102～105℃排净冷空气后升压，升至121～122℃（0.11～0.12MPa）恒温灭菌25min。

降温至（65±5）℃时，在超净工作台内将三角瓶中的培养基分装至无菌培养皿中，培养基占培养皿高度的1/3～1/2。

5.4 接种

在超净工作台或接种箱内接种，接种前用紫外线灭菌灯照射30min，之后用75%酒精进行表面消毒。

接菌过程严格执行无菌操作，接种后及时贴好标签并做好记录。

接种的菌块3～5mm，接种在培养皿或试管的中部。培养皿需用石蜡封口膜密封。

菌丝长满试管斜面或培养皿表面即可使用。

5.5 培养

温度控制在18～26℃，空气湿度在75%以下，通风避光培养。

接种后第3天、第5天和长满培养基后分别进行检验，挑出未活、污染和生长不良的不合格培养器皿。检查方式符合NY/T 1731规定。

6 原种、栽培种生产

6.1 培养基

以下培养基配方任选其一：

· 柠条粉72%、麦麸25%、石膏1.5%、过磷酸钙1.5%。

· 玉米芯53%、柠条粉30%、麦麸15%、石膏1%、过磷酸钙1%。

· 谷粒或麦粒或玉米粒90%、柠条粉或棉籽壳或木屑或玉米芯粉或豆秸粉9%、石膏1%。

6.2 容器

原种采用850mL以下、瓶口直径小于等于4cm、耐126℃高温的透明瓶子或菌种瓶，也可以采用（12~17）cm×（22~28）cm×（0.04~0.05）mm的聚丙烯塑料袋。

栽培种采用同原种要求相同的瓶子，也可采用（15~17）cm×（33~35）cm×（0.04~0.05）mm的聚丙烯塑料袋。

以上聚丙烯塑料袋均符合GB 4806.7要求。

6.3 装袋（瓶）

采用装袋（瓶）机或人工进行装袋（瓶），人工装袋（瓶）需用打孔器在袋口处打孔，孔直径1~1.5cm，深度为8~12cm，每袋（瓶）装培养基质500~600g，塑料袋用无棉盖体套环封口或窝口海绵塞封口。

6.4 灭菌

可采用高压灭菌和常压灭菌。

高压灭菌：组合培养基在121~122℃（0.11~0.12MPa）下灭菌2h；粮食培养基在121~122℃（0.11~0.12MPa）下灭菌2.5h。

常压灭菌：在3h之内使温度升至100℃，恒温保持10~12h。

6.5 接种

原种、栽培种在超净工作台或接种箱内接种，接种前打开紫外线灭菌灯照射30min后吹风，接种时用75%酒精对超净工作台或接种箱进行表面擦拭消毒。每个原种接入2~3cm大小母种1~2块；每个栽培种接入原种量不少于15g。菌种都应从容器口处接种，不应打孔多点接种。每批接种应为单一品种，如中途换品种时采用75%酒精对超净工作台或接种箱及工具进行表面擦拭消毒。

6.6 培养

通风避光、21~26℃下培养。

6.7 贮存

原种和栽培种在0~4℃下贮存，贮存期不超过50d。

7 检验

7.1 母种感官要求见表1

表1 羊肚菌母种感官要求

项目	要求
容器	完整、无损、洁净
棉塞或无棉盖体	干燥、整洁、松紧适度、能满足透气和过滤要求
培养基灌入量	为试管总容积的1/4，培养皿高的1/3~1/2

项目		要求
菌种外观	菌丝生长量	长满斜面或平板
	菌丝体特征	菌丝洁白、绒毛状、生长致密、均匀、健壮
	菌丝体表面	均匀、舒展、平整
	菌丝体分泌物	无
	菌落边缘	整齐
	杂菌菌落	无
	斜面背面外观	培养基不干缩，无积水、颜色均匀、无暗斑、无色素

7.2 原种感官要求见表2

表2 羊肚菌原种感官要求

项目		要求
容器		完整、无破损、洁净
棉塞或无棉盖体		干燥、整洁、松紧适度、能满足透气和滤菌要求
培养基上表面距瓶（袋）口的距离		（50±5）mm
菌种外观	菌丝生长量	长满容器
	菌丝体特征	菌丝体白、生长旺健、整齐
	培养物表面菌丝体	生长均匀、无高温抑制线
	培养基及菌丝体	紧贴瓶壁、无干缩
	菌丝分泌物	无、允许少量无色至棕黄色水珠
	杂菌菌落	无
	子实体原基	无

7.3 栽培种感官要求见表3

表3 羊肚菌栽培种感官要求

项目	要求
容器	完整、无破损
棉塞或无棉盖体	干燥、整洁、松紧适度、能满足透气和滤菌要求

（续表）

项目		要求
培养基上表面距瓶（袋）口的距离		（50±5）mm
菌种外观	菌丝生长量	长满容器
	菌丝体特征	生长均匀、色泽一致、无角变、无高温抑制线
	培养基及菌丝体	紧贴瓶壁、无干缩
	菌丝分泌物	无
	杂菌菌落	无
	子实体原基	允许少量、出现原基种类≤5%

8 入库

检验完成后及时入菌种库，详细记录各生产环节，菌种库温度0~4℃，避光，适当通风，定期对空间进行杀菌处理。

ICS 65.020.20
CCS B05

DB15

内 蒙 古 自 治 区 地 方 标 准

DB15/T 2541—2022

羊肚菌高效栽培技术规程

Technology Procedures of High Efficient Cultivation for *Morehella esculenta*

2022-04-25 发布　　　　　　　　　　　　　2022-05-25 实施

内蒙古自治区市场监督管理局　　　发 布

前　言

本文件按照GB/T 1.1—2020《标准化工作导则　第1部分：标准化文件的结构和起草规则》的规定起草。

本文件由内蒙古自治区果蔬标准化技术委员会（SAM/TC 25）归口。

本文件起草单位：内蒙古自治区农牧业科学院、赤峰市克什克腾旗农牧局、内蒙古瑞福杨种植专业合作社。

本文件主要起草人：于传宗、孙国琴、王海燕、庞杰、李亚娇、慕宗杰、于凤玲、刘瑞、田永雷、韩凤英、云伏雨、付崇毅。

羊肚菌高效栽培技术规程

1 范围

本文件规定了羊肚菌栽培相关的栽培技术。

本文件适用于日光温室、大棚、菇房等羊肚菌栽培。

2 规范性引用文件

下列文件中的内容通过文中的规范性引用而构成本文件必不可少的条款。其中，注日期的引用文件，仅该日期对应的版本适用于本文件；不注日期的引用文件，其最新版本（包括所有的修改单）适用于本文件。

NY/T 2375 食用菌生产技术规范

3 术语和定义

下列术语和定义适用于本文件。

3.1

菌种 spawn

菌丝体生长在适宜基质上具结实性的菌丝培养物。分为母种（一级种）、原种（二级种）和栽培种（三级种）。

4 栽培技术

4.1 栽培场地选择

选择通透性良好，地势平坦、水源充足、无污染的场地。

4.2 整地

将杂草、杂物清理干净，每667m²撒施50～75kg白灰翻耕于土壤中，进行土壤消毒和调节pH值至7～7.5。精细整地达到土壤疏松平整。消毒符合NY/T 2375规范要求。

4.3 畦床制作

按南北方向作畦床，床宽1～1.2m，高10～15cm，长度不限，畦面之间留宽40～50cm的走道。

4.4 播种

播种前将土面浇湿，待水渗入土壤不粘手和工具时进行条播或散播。条播时顺着畦面开3～5cm深度的播种沟，将栽培种揉碎成颗粒状，均匀撒在开好的小沟内并覆土；散播选用专用播种机播种，每667m²用种量为500～600kg，播深3～5cm。

4.5 营养袋制备

营养基质配方：麦粒60%、玉米芯40%或麦粒50%、阔叶木屑50%。

营养袋制作：麦粒浸泡20～24h无硬芯后，与含水量62%～65%的玉米芯或阔叶木屑混拌均匀后装入12cm×24cm的栽培袋，121～122℃（0.11～0.12MPa）灭菌2～2.5h或100℃灭菌7～8h。

4.6 发菌期管理与摆放营养袋

播种后地温控制在10～15℃，棚温不超18℃，保持良好通风，3d后，浇一次透水。发菌期间土壤含水量保持在55%为宜。10～15d待菌丝长满畦面出现"白霜"时，将营养袋一面打孔平放，打孔面紧贴土壤表面。2 600～3 000袋/667m²。

4.7 出菇期管理

发菌60d后，畦面白色菌丝褪去，散射光照射，空气湿度85%～90%，温度10～20℃，保持良好通风，采收前1～2d停止浇水。

5 采收

子实体出土后7～12d长到7～15cm高时，顶端表面呈现蜂窝状即可采收。用竹片等非金属物轻轻割下，削去泥脚。

ICS 65.020.01
CCS B05

DB15

内 蒙 古 自 治 区 地 方 标 准

DB15/T 2542—2022

鸡腿菇菌种制作技术规程

Regulation of Strain Manufacture for *Coprinus comatus*

2022-04-25 发布   2022-05-25 实施

内蒙古自治区市场监督管理局   发 布

前　言

本文件按照GB/T 1.1—2020《标准化工作导则　第1部分：标准化文件的结构和起草规则》的规定起草。

本文件由内蒙古自治区果蔬标准化技术委员会（SAM/TC 25）归口。

本文件起草单位：内蒙古自治区农牧业科学院。

本文件主要起草人：李亚娇、孙国琴、王海燕、庞杰、慕宗杰、王永、薛国萍、康立茹、于传宗、付崇毅、田文龙、郭志英。

鸡腿菇菌种制作技术规程

1 范围

本文件规定了鸡腿菇各级菌种生产技术要求。

本文件适用于鸡腿菇母种、原种和栽培种菌种生产技术。

2 规范性引用文件

下列文件中的内容通过文中的规范性引用而构成本文件必不可少的条款。其中，注日期的引用文件，仅该日期对应的版本适用于本文件；不注日期的引用文件，其最新版本（包括所有的修改单）适用于本文件。

GB 4806.7　食品安全国家标准　食品接触用塑料材料及制品

NY/T 528　食用菌菌种生产技术规程

3 术语和定义

下列术语和定义适用于本文件。

3.1

鸡腿菇 *Coprinus comatus*

隶属真菌门担子菌亚门、伞菌纲、伞菌目、伞菌科，菌盖初期呈圆柱状，逐渐脱离菌柄，呈钟状，颜色洁白，表面有反卷鳞片。菌肉白色，菌褶早期为白色，与菌柄离生逐渐变为褐色，老熟后呈黑色并潮解成墨汁状。菌柄圆柱状，白色，菌环白色，生于菌柄中上部，易脱落。因外形酷似鸡腿，肉质似鸡丝而得名。

3.2

菌种 **spawn**

通过生产试验验证具有特异性、均一性和稳定性，丰产性好、抗性强的菌株或品种，生长在适宜基质上具结实性的菌丝培养物，包括母种、原种和栽培种。

3.3

母种 **stock culture**

经各种方法选育得到的具有结实性的菌丝体纯培养物及其继代培养物，也称为一级种、试管种。

3.4

原种 pre-culture spawn

由母种移植、扩大培养而成的菌丝体纯培养物，也称为二级种。

3.5

栽培种 spawn

由原种移植、扩大培养而成的菌丝体纯培养物，栽培种只能用于扩大到栽培出菇袋或直接出菇，不可以再次扩大繁殖菌种，也称为三级种。

3.6

固体菌种 solid spawn

以富含木质素、纤维素和半纤维的谷物籽粒等天然有机物为主要原料，添加适量的有机氮源和无机盐类，具一定水分含量的培养基培养的纯菌丝体。

3.7

液体菌种 liquid spawn

在液体培养基中，通过摇瓶振荡培养或深层发酵技术快速获得的大量的纯双核菌丝体。

4 菌种生产要求

4.1 人员

生产所需要的技术人员和检验人员经过专业培训、掌握基础知识及菌种生产技术规程要求的相应专业技术人员。

4.2 环境

选择地势高，通风良好，空气清新，水源近，排水通畅，交通便利的场所。300m之内无酿造厂、集贸市场、规模养殖的畜禽舍、垃圾和粪便堆积场，无污水、废气、废渣、烟尘和粉尘等污染源，环境条件符合NY/T 528规定。

4.3 设施

菌种生产需要粉碎机、电子秤、搅拌机、装袋机、高压灭菌锅或常压灭菌锅、离子净化器、超净工作台或接种箱、恒温培养箱、培养架、恒温摇床、液体菌种罐（30~600L）、显微镜等设备。

4.4 厂房

厂房要求有各自隔离的摊晒场、原材料库、配料分装库。配套有配料室、搅拌室、装袋室、灭菌室、冷却室、接种室、培养室（通风好，有纱窗）、菌种检测室及菌种冷藏库等各环节的设施。

4.5 容器

4.5.1 母种生产容器

试管规格18mm×180mm或者20mm×200mm；培养皿直径7～9cm；三角瓶规格300～500mL。

4.5.2 原种、栽培种生产容器

原种采用850mL以下、瓶口直径小于等于4cm、耐126℃高温的透明瓶子，或采用（12～17）cm×（22～28）cm的聚丙烯塑料袋。聚丙烯塑料袋符合GB 4806.7要求。

栽培袋采用（17～22）cm×（35～55）cm的聚乙烯塑料袋。

5 母种生产

5.1 培养基

新鲜无病去皮切片马铃薯200g，加水1 200mL煮沸20min，滤液定容至1 000mL，加硫酸镁0.5g、磷酸氢二钾1g、蛋白胨1g、酵母粉1g、蔗糖10g、葡萄糖10g、琼脂粉8～10g，pH值自然。新鲜无病去皮切片马铃薯200g，加水1 200mL煮沸20min，滤液定容至1 000mL，加入蔗糖20g、琼脂粉8～10g，pH值自然。

5.2 分装和灭菌

5.2.1 斜面培养基分装和灭菌

分装培养基至试管1/4处，用棉塞或硅胶塞封闭试管口，每5支试管为1把，牛皮纸包棉塞，橡皮筋扎紧，棉塞向上放置。棉塞应采用梳棉，不能使用脱脂棉。121～122℃（0.11～0.12MPa）恒温灭菌25min。

降温至（65±5）℃时取出试管，在空气清洁的室内摆斜面，斜面长度不超过试管长度的2/3，自然降温凝固后成斜面。

5.2.2 平板培养基分装和灭菌

培养基装入300～500mL三角瓶至刻度的2/3处，用带滤膜的封口膜封口后放入灭菌锅；玻璃培养皿用报纸包好，放入灭菌锅。在温度升至102～105℃排净冷空气后升压，升至121～122℃（0.11～0.12MPa）恒温灭菌25min。

降温至（65±5）℃时，在超净工作台内将三角瓶中的培养基分装至无菌培养皿中，培养基占培养皿高度的1/3～1/2。

5.3 检测

抽取3%～5%的试管和培养皿，在28℃下培养48h，无微生物长出为灭菌合格。

5.4 接种

超净工作台或接种箱紫外线灭菌灯照射30min后吹风，之后用75%酒精进行表面消毒。接菌过程严格执行无菌操作，接种后及时贴好标签并做好记录。

将3～5mm菌块接种在培养皿或试管培养基的中部，培养皿需用石蜡封口膜密封。

菌丝长满培养基表面即可使用。

5.5 培养

在通风避光、22～26℃下培养。

5.6 母种检查

接种后每隔2～3d检验一次，挑出菌种未活、污染和生长不良的不合格培养物，母种感官要求见表1。

表1 鸡腿菇母种感官要求

项目		要求
容器		完整、无损、洁净
棉塞或无棉盖体		干燥、整洁、松紧适度、能满足透气和过滤要求
菌种外观	培养基灌入量	为试管总容积的1/4，培养皿高度的1/3～1/2
	菌丝生长量	长满斜面或平板
	菌丝体特征	乌白、浓密、旺健
	菌丝体表面	均匀、舒展、平整
	菌丝体分泌物	无
	菌落边缘	整齐
	杂菌菌落	无
	斜面背面外观	培养基不干缩，颜色均匀，无暗斑、无色素

6 原种、栽培种生产

6.1 固体菌种

6.1.1 培养基

6.1.1.1 粮食培养基

谷粒或麦粒或玉米粒90%、柠条粉或棉籽壳或木屑或玉米芯粉或豆秸粉9%、石膏1%，水分含量（50±2）%，白灰调节pH值至6～7。

6.1.1.2 组合培养基

柠条粉41%、米糠或麦麸8%、玉米芯45%、玉米粉5%、石膏1%，水分含量（60±2）%，白灰调节pH值至6～7。

豆秸粉90%、米糠或麦麸8%、过磷酸钙1%、石膏1%，水分含量（60±2）%，白灰调节pH值至6～7。

木屑40%、玉米芯49%、米糠或麦麸8%、豆饼粉2%、石膏1%，水分含量（60±2）%，白灰调节pH值至6～7。

6.1.2 装袋（瓶）

采用装袋（瓶）机或人工进行装袋（瓶），人工装袋（瓶）需用打孔器在袋口处打孔，孔直径1～1.5cm、深度为8～12cm，每袋（瓶）装培养基质500～600g，塑料袋用无棉盖体套环或窝口海绵塞封口，培养基质装袋（瓶）后4h内进行灭菌。

6.1.3 灭菌

可采用高压灭菌和常压灭菌。

高压灭菌：组合培养基在121～122℃（0.11～0.12MPa）下灭菌2h；粮食培养基在121～122℃（0.11～0.12MPa）下灭菌2.5h。

常压灭菌：在3h之内使温度升至100℃，恒温保持10～12h。

6.1.4 接种

原种、栽培种在超净工作台或接种箱内接种，接种前打开紫外线灭菌灯照射30min后吹风，接种时用75%酒精对超净工作台或接种箱进行表面擦拭消毒。每个原种接入2～3cm大小母种1～2块；每个栽培种接入原种量不少于15g。菌种都应从容器口处接种，不应打孔多点接种。

每批接种应为单一品种，如中途换品种时采用75%酒精对超净工作台或接种箱及工具进行表面擦拭消毒。

6.1.5 培养

通风避光、22～26℃下培养。

6.1.6 检验

接种后每隔2～3d检验一次，挑出菌种未活、污染和生长不良的不合格培养物。原种感官要求见表2，栽培种感官要求见表3。

表2 鸡腿菇原种感官要求

项目		要求
容器		完整、无破损、洁净
棉塞或无棉盖体		干燥、整洁、松紧适度、能满足透气和滤菌要求
培养基上表面距瓶（袋）口的距离		（50±5）mm
菌种外观	菌丝生长量	长满容器
	菌丝体特征	洁白浓密，生长旺健
	培养物表面菌丝体	生长均匀、无高温抑制线
	培养基及菌丝体	紧贴瓶壁、无干缩
	菌丝分泌物	无、允许少量无色至棕黄色水珠
	杂菌菌落	无
	子实体原基	无

表3 鸡腿栽培种感官要求

项目		要求
容器		完整、无破损
棉塞或无棉盖体		干燥、整洁、松紧适度、能满足透气和滤菌要求
培养基上表面距瓶（袋）口的距离		（50±5）mm
菌种外观	菌丝生长量	长满容器
	菌丝体特征	生长均匀、色泽一致、无角变、无高温抑制线
	培养基及菌丝体	紧贴瓶壁、无干缩
	菌丝分泌物	无
	杂菌菌落	无
	子实体原基	允许少量、出现原基种类小于等于5%

6.1.7 贮存

原种和栽培种在0～4℃下贮存，贮存期不超过50d。

6.2 液体菌种

6.2.1 培养基

新鲜无病去皮切片马铃薯200g，加水1 200mL煮沸20min，滤液定容至1 000mL，加硫酸镁0.5g、磷酸氢二钾1g、蛋白胨1g、酵母粉1g、蔗糖10g、葡萄糖10g，pH值自然。

新鲜无病去皮切片马铃薯200g，加水1 200mL煮沸20min，滤液定容至1 000mL，加入蔗糖20g，pH值自然。

6.2.2 瓶装液体菌种生产

6.2.2.1 装瓶

采用150～500mL三角瓶，培养基添加至刻度的2/3处，用带滤膜的封口膜封口后灭菌。

6.2.2.2 灭菌

121～122℃（0.11～0.12MPa）湿热保持25min。

6.2.2.3 接种和培养

取3～5mm大小母种10～15块接入30℃以下的液体培养基中，培养温度在22～26℃，140～160r/min下振荡培养6～10d。

6.2.2.4 检验

接种后第3天对三角瓶逐个进行纯度检验，及时清理未活或污染的培养物并高温处理。

6.2.3 菌种罐液体菌种生产

6.2.3.1 装罐和灭菌

将液体培养基装至菌种罐体积的2/3进行灭菌，在121℃下灭菌40min，待液体培养基冷却至30℃以下时进行接种。接种方式按照液体菌种罐说明书要求在无菌条件下严格操作。

6.2.3.2 接种和培养

将培养好的三角瓶液体菌种接入菌种罐中，接种量为培养基总体积的8%～10%，在22～26℃，150～160r/min，罐压0.04MPa，通风量0.7N·m^3/h下培养。

6.2.4 检测

接种后第3天对罐内培养物进行纯度检验，及时清理未活或污染的培养物并进行高温处理。液体菌种感官要求见表4。

表4 鸡腿菇液体菌种感官要求

项目	要求
容器	完整、无破损、无裂纹
菌丝生长量	培养基1/3～1/2
菌丝体特征	白色至透明块状、生长旺健
培养基	清澈、无杂色
杂菌	无

7 入库

检验完成后及时入菌种库，详细记录各生产环节，菌种库温度0～4℃，避光，适当通风，定期对空间进行杀菌处理。

ICS 65.020.20
CCS B05

DB15

内 蒙 古 自 治 区 地 方 标 准

DB15/T 2543—2022

鸡腿菇高效栽培技术规程

Regulation of Strain Manufacture for *Coprinus comatus*

2022-04-25 发布　　　　　　　　　　2022-05-25 实施

内蒙古自治区市场监督管理局　　　发 布

前　言

本文件按照GB/T 1.1—2020《标准化工作导则　第1部分：标准化文件的结构和起草规则》的规定起草。

本文件由内蒙古自治区果蔬标准化技术委员会（SAM/TC 25）归口。

本文件起草单位：内蒙古自治区农牧业科学院。

本文件主要起草人：李亚娇、孙国琴、王海燕、慕宗杰、付崇毅、薛国萍、王永、于传宗、庞杰、康立茹、田文龙、菅智强。

鸡腿菇高效栽培技术规程

1 范围

本文件规定了鸡腿菇栽培相关的品种选择、生产环境要求、栽培管理、采收等技术要点。

本文件适用于日光温室、大棚、菇房等鸡腿菇栽培。

2 规范性引用文件

下列文件中的内容通过文中的规范性引用而构成本文件必不可少的条款。其中，注日期的引用文件，仅该日期对应的版本适用于本文件；不注日期的引用文件，其最新版本（包括所有的修改单）适用于本文件。

GB/T 8321 （所有部分）农药合理使用准则

NY/T 393 绿色食品农药使用准则

3 术语和定义

下列术语和定义适用于本文件。

3.1

鸡腿菇 *Coprinus comatus*

隶属真菌门担子菌亚门、伞菌纲、伞菌目、伞菌科，菌盖初期呈圆柱状，逐渐脱离菌柄，呈钟状，颜色洁白，表面有反卷鳞片。菌肉白色，菌褶早期为白色，与菌柄离生逐渐变为褐色，老熟后呈黑色并潮解成墨汁状。菌柄圆柱状，白色，菌环白色，生于菌柄中上部，易脱落。因外形酷似鸡腿，肉质似鸡丝而得名。

3.2

菌种 **spawn**

菌丝体生长在适宜基质上具结实性的菌丝培养物。分为母种（一级种）、原种（二级种）和栽培种（三级种）。

3.3

固体菌种 **solid spawn**

以富含木质素、纤维素和半纤维的谷物籽粒等天然有机物为主要原料，添加适量的有机氮源和无机盐类，具一定水分含量的培养基培养的纯菌丝体。

3.4

液体菌种 liquid spawn

在液体培养基中，通过摇瓶振荡培养或深层发酵技术快速获得的大量的纯双核菌丝体。

3.5

发菌 spawn running

菌丝体在培养基质内生长、扩散的过程，又称"走菌"。

3.6

出菇 fruiting

子实体逐渐长大并长出覆盖物的过程。

4 品种选择

根据生产条件选择抗病性强、温型适宜、符合生产要求的品种。

5 生产环境要求

生产选择交通运输便利，地势较高，电源稳定，有充足的洁净水源，远离污染源，并具有可持续生产能力的农业生产区域。

300m之内无酿造厂、食用菌栽培场、集贸市场、规模养殖的畜禽舍、垃圾和粪便堆积场，无污水、废气、废渣、烟尘和粉尘等污染源。

6 栽培管理

6.1 培养基

柠条粉41%、米糠或麦麸8%、玉米芯45%、玉米粉5%、石膏1%，水分含量（60±2）%，白灰调节pH值至6~7。

豆秸粉90%、米糠或麦麸8%、过磷酸钙1%、石膏1%，水分含量（60±2）%，白灰调节pH值至6~7。

木屑40%、玉米芯49%、米糠或麦麸8%、豆饼粉2%、石膏1%，水分含量（60±2）%，白灰调节pH值至6~7。

6.2 装袋

栽培袋选用（17~22）cm×（35~55）cm的聚乙烯塑料袋。装袋机或手工装袋，手工装袋需在出菇袋的一端中间打孔，直径1~1.5cm，孔深度18cm。采用专用食用菌套环封口，放入灭菌筐。

6.3 灭菌

常压灭菌时，加温在3h内使灭菌仓内温度达到100℃，保持10~12h；高压灭菌时，121～122℃（0.11～0.12MPa）保持1.5～2h。

6.4 冷却

灭菌仓内温度降低到80℃时，把出菇袋迅速转移到无菌的冷却室冷却。

6.5 接种

待袋温降至30℃时，将出菇袋移至接种室，采用食用菌专用蒸熏药剂对接种室、接种工具、衣帽及菌种表面进行消毒，6h后接入固体菌种或液体菌种。液体菌种每袋接入15～20mL，固体菌种每袋接入20～25g。

6.6 发菌管理

堆垛式发菌菌袋摆放5～6层，行距30～50cm。

层架式发菌培养架高2～2.5m，层架间距50～60cm，每层架摆放4～5层菌袋。

在避光、通风22～26℃条件下进行发菌。接种7d后检查，发现有杂菌污染及时清理。接种10d后加强通风控温。

6.7 覆土及出菇管理

6.7.1 覆土准备

选择土质疏松、持水能力强、通气性能好、腐殖质含量高的草炭土或田园耕层以下土，在太阳下晒3～5d，选用符合NY/T 393和GB/T 8321（所有部分）使用准则的农药（噁霉灵或甲基硫菌灵、高效氯氰菊酯或阿维菌素），彻底杀死覆土内病原菌和害虫。药剂处理后闷5d，用白灰水调整覆土湿度65%、pH值调至7.5～8.0。

6.7.2 覆土发菌管理

将发好菌的菌袋表面消毒，去掉塑料袋平放在宽60～130cm、长不限的地畦或床架上，菌袋间留2～3cm的间隙，在表面一次性覆盖好3～5cm厚消过毒的土壤，进行四周及表面覆土。

出菇房温度控制在22～26℃，空气相对湿度为65%～70%，空气新鲜，适当通风。

6.8 出菇管理

6.8.1 环境

清理掉出菇房周边的杂草、垃圾等病虫害污染源，保持出菇场所环境洁净，通风口和门提前安装纱窗、纱门，运输通道加1m的消毒池，保持运输工具和工作人员鞋底洁净。

6.8.2 出菇房

出菇房要求通风、排水好，安装水雾化设施、离子净化设施和食用菌专用诱虫灯。

6.8.3 管理

子实体的形成需要低温刺激，当温度降到9～20℃时，菇蕾就会陆续破土而出。

子实体原基发生时，加大通风、增加散射光、温度保持16～24℃、空气湿度保持80%～90%。

7 采收

子实体要在七分熟即菌环没有破裂、菌盖和菌柄没有分离时采收。采收时用刀从柄基部切下，防止把周围小菇土层带松，采下后及时压实土层。

ICS 65. 020. 01
CCS B05

DB15

内 蒙 古 自 治 区 地 方 标 准

DB15/T 2544—2022

大球盖菇菌种制作技术规程

Regulation of Strain Manufacture for *Stropharia rugosoannulata*

2022-04-25 发布　　　　　　　　　　　　　　2022-05-25 实施

内蒙古自治区市场监督管理局　　　发 布

前　言

本文件按照GB/T 1.1—2020《标准化工作导则　第1部分：标准化文件的结构和起草规则》的规定起草。

本文件由内蒙古自治区果蔬标准化技术委员会（SAM/TC 25）归口。

本文件起草单位：内蒙古自治区农牧业科学院。

本文件主要起草人：王海燕、孙国琴、李亚娇、庞杰、于传宗、王永、韩凤英、扈顺、薛国萍、慕宗杰、付崇毅、康立茹。

大球盖菇菌种制作技术规程

1 范围

本文件规定了大球盖菇菌种生产要求、母种生产、原种和栽培种生产、检验、入库等技术流程要点。

本文件适用于大球盖菇母种、原种、栽培种菌种制作要求。

2 规范性引用文件

下列文件中的内容通过文中的规范性引用而构成本文件必不可少的条款。其中，注日期的引用文件，仅该日期对应的版本适用于本文件；不注日期的引用文件，其最新版本（包括所有的修改单）适用于本文件。

GB 4806.7 食品安全国家标准 食品接触用塑料材料及制品

NY/T 528 食用菌菌种生产技术规程

NY/T 1731 食用菌菌种良好作业规范

3 术语和定义

下列术语和定义适用于本文件。

3.1

菌种 spawn

通过生产试验验证具有特异性、均一性和稳定性，丰产性好、抗性强的大球盖菇菌株或品种，培养生长在适宜基质上具结实性的菌丝培养物，包括母种、原种和栽培种。

3.2

母种 stock culture

经各种方法选育得到的具有结实性的菌丝体纯培养物及其继代培养物，以玻璃试管或培养皿为培养容器和使用单位，也称为一级种、试管种。

3.3

原种 pre-culture spawn

由母种移植、扩大培养而成的菌丝体纯培养物，常以菌种瓶（玻璃菌种瓶或塑料菌种瓶）或（12~17）cm×（22~28）cm×（0.04~0.05）mm聚丙烯塑料袋为容器，也称为二级种。

3.4

栽培种　spawn

由原种移植、扩大培养而成的菌丝体纯培养物，常以菌种瓶（玻璃瓶或塑料瓶）或（15～17）cm×（33～35）cm×（0.04～0.05）mm聚丙烯塑料袋为容器，栽培种只能用于扩大到栽培出菇袋或直接出菇，不可以再次扩大繁殖菌种，也称为三级种。

4　菌种生产要求

4.1　人员

生产所需要的技术人员和检验人员应经过专业培训、掌握基础知识及菌种生产技术规程要求的相应专业技术人员。

4.2　场地、厂房

菌种生产应选择地势高，通风良好，空气清新，水源近，排水通畅，交通便利的场所。场地环境条件符合NY/T 528规定。

菌种生产厂房要求有各自隔离的摊晒场、原材料库、配料分装库。配套有配料室、搅拌室、装袋（瓶）室、灭菌室、冷却室、接种室、培养室（通风好，有纱窗）、菌种检测室及菌种冷藏库等各环节的设施。冷却室、接种室、培养室都要有离子净化设施。菌种生产厂房条件应符合NY/T 1731规定。

4.3　生产设备

菌种生产需要粉碎机、电子秤、搅拌机、装袋（瓶）机、高压灭菌锅或常压灭菌锅、离子净化器、超净工作台或接种箱、恒温培养箱、培养架、摇床、液体菌种罐（30～250L）、显微镜等设备。菌种生产设备应符合NY/T 1731规定。

5　母种生产

5.1　培养基

马铃薯200g、葡萄糖20g、蛋白胨1.5g、琼脂18g，加水至1 000mL。

5.2　容器

试管规格18mm×180mm或者20mm×200mm；培养皿直径7～9cm；三角瓶规格300～500mL。

5.3　分装和灭菌

5.3.1　斜面培养基分装和灭菌

分装培养基至试管1/4处，用棉塞或硅胶塞封闭试管口，每5支试管为1把，牛皮纸包棉塞，橡皮筋扎紧，棉塞向上放置。棉塞应采用梳棉，不能使用脱脂棉。在121～122℃（0.11～0.12MPa）下灭菌25min。

灭菌后温度降到（65±5）℃时，在空气清洁的室内摆斜面，要求斜面长度不超过试管长度的2/3。从摆好的试管中抽取3%～5%的试管，在28℃下培养48h，无微生物长出为灭菌合格。

5.3.2 平板培养基分装和灭菌

培养基装入300～500mL三角瓶至刻度的2/3处，用带滤膜的封口膜封口后放入灭菌锅；玻璃培养皿用报纸包好，放入灭菌锅。在温度升至102～105℃排净冷空气后升压，升至121～122℃（0.11～0.12MPa）恒温灭菌25min。

灭菌后温度降到（65±5）℃时，在超净工作台内将三角瓶中的培养基分装至无菌培养皿中，培养基占培养皿高度的1/3～1/2。

5.4 接种

超净工作台或接种箱紫外线灭菌灯照射30min后吹风，之后用75%酒精进行表面消毒。接菌过程严格执行无菌操作，接种后及时贴好标签并做好记录。

将3～5mm菌块接种在培养皿或试管培养基的中部，培养皿需用石蜡封口膜密封。菌丝长满培养基表面即可使用。

5.5 培养

在通风避光、18～28℃下培养。

接种后每隔2～3d检验一次，挑出菌种未活、污染和生长不良的不合格培养物。

6 原种、栽培种生产

6.1 培养基

谷粒或麦粒90%，柠条粉、麦麸、棉籽壳、玉米芯粉或豆秸粉9%，石膏1%，水分含量60%～65%，pH值调至6～7。

6.2 容器

原种采用850mL以下、瓶口直径小于等于4cm、耐126℃高温的菌种瓶，也可以采用（12～17）cm×（22～28）cm×（0.04～0.05）mm的聚丙烯塑料袋。

栽培种采用同原种要求相同的瓶子，也可采用（15～17）cm×（33～35）cm×（0.04～0.05）mm的聚丙烯塑料袋。

以上聚丙烯塑料袋均要求符合GB 4806.7规定。

6.3 装袋（瓶）

采用装袋（瓶）机或人工进行装袋（瓶），人工装袋（瓶）需用打孔器在袋口处打孔，孔直径1～1.5cm、深度为8～12cm，每袋（瓶）装培养基质500～600g，塑料袋用无棉盖体套环或窝口海绵塞封口，培养基质装袋（瓶）后4h内进行灭菌。

6.4 灭菌

可采用高压灭菌和常压灭菌。

高压灭菌：组合培养基在121～122℃（0.11～0.12MPa）下灭菌2h；粮食培养基在

121～122℃（0.11～0.12MPa）下灭菌2.5h。

常压灭菌：在3h之内使温度升至100℃，恒温保持10～12h。

6.5 接种

原种、栽培种在超净工作台或接种箱内接种，接种前打开紫外线灭菌灯照射30min后吹风，接种时用75%酒精对超净工作台或接种箱进行表面擦拭消毒。每个原种接入2～3cm大小母种1～2块；每个栽培种接入原种量不应少于15g。菌种都应从容器口处接种，不应打孔多点接种。

每批接种应为单一品种，如中途换品种时采用75%酒精对超净工作台或接种箱及接种工具进行表面擦拭消毒。

6.6 培养

通风避光、21～28℃下培养。

6.7 贮存

原种和栽培种在0～4℃下贮存，贮存期不超过50d。

7 检验、入库

7.1 检验

7.1.1 母种感官要求

母种感官要求见表1。

表1 大球盖菇母种感官要求

项目		要求
容器		完整、无损、洁净
棉塞或无棉盖体		干燥、整洁、松紧适度、能满足透气和过滤要求
培养基灌入量		为试管总容积的1/4，培养皿高的1/3～1/2
菌种外观	菌丝生长量	长满斜面或平板
	菌丝体特征	菌丝洁白、绒毛状、生长致密、均匀、健壮
	菌丝体表面	均匀、舒展、平整
	菌丝体分泌物	无
	菌落边缘	整齐
	杂菌菌落	无
斜面背面外观		培养基不干缩，无积水、颜色均匀、无暗斑、无色素

7.1.2 原种感官要求

原种感官要求见表2。

表2 大球盖菇原种感官要求

项目		要求
容器		完整、无损、洁净
棉塞或无棉盖体		干燥、整洁、松紧适度、能满足透气和滤菌要求
培养基上表面距瓶（袋）口的距离		（50±5）mm
菌种外观	菌丝生长量	长满容器
	菌丝体特征	菌丝体白、生长旺健、整齐
	培养物表面菌丝体	生长均匀、无高温抑制线
	培养基及菌丝体	紧贴瓶壁、无干缩
	菌丝分泌物	无、允许少量无色至棕黄色水珠
	杂菌菌落	无
	子实体原基	无

7.1.3 栽培种感官要求

栽培种感官要求见表3。

表3 大球盖菇栽培种感官要求

项目		要求
容器		完整、无破损
棉塞或无棉盖体		干燥、整洁、松紧适度、能满足透气和滤菌要求
培养基上表面距瓶（袋）口的距离		（50±5）mm
菌种外观	菌丝生长量	长满容器
	菌丝体特征	生长均匀、色泽一致、无角变、无高温抑制线
	培养基及菌丝体	紧贴瓶壁、无干缩
	菌丝分泌物	无
	杂菌菌落	无
	子实体原基	允许少量、出现原基种类小于等于5%

7.2 入库

菌种检验完成后及时入菌种库，详细记录各生产环节，菌种库温度0～4℃，避光，适当通风，定期对空间进行杀菌处理。

ICS 65. 020. 20
CCS B05

DB15

内 蒙 古 自 治 区 地 方 标 准

DB15/T 2545—2022

冷凉地区大球盖菇栽培技术规程

Technical Regulation for Cultivation of *Stropharia rugosoannulata* in Cool Area

2022-04-25 发布　　　　　　　　　　　2022-05-25 实施

内蒙古自治区市场监督管理局　　　发 布

前　言

本文件按照GB/T 1.1—2020《标准化工作导则　第1部分：标准化文件的结构和起草规则》的规定起草。

本文件由内蒙古自治区果蔬标准化技术委员会（SAM/TC 25）归口。

本文件起草单位：内蒙古自治区农牧业科学院暨食用菌内蒙古自治区工程研究中心、呼和浩特蒙禾源菌业有限公司、根河市利民食用菌产销专业合作社。

本文件主要起草人：孙国琴、王海燕、李亚娇、慕宗杰、付崇毅、王永、于传宗、王娟娟、庞杰、田文龙、韩立明、张玉林。

冷凉地区大球盖菇栽培技术规程

1 范围

本文件规定了大球盖菇栽培相关的菌种选择、栽培及方式、栽培基质、播种发菌、覆土出菇管理等技术。

本文件适用于内蒙古林下露地、日光温室和塑料棚、工厂化专用菇房等大球盖菇栽培。

2 规范性引用文件

下列文件中的内容通过文中的规范性引用而构成本文件必不可少的条款。其中，注日期的引用文件，仅该日期对应的版本适用于本文件；不注日期的引用文件，其最新版本（包括所有的修改单）适用于本文件。

GB/T 5749　生活饮用水卫生标准

GB/T 8321　（所有部分）农药合理使用准则

GB/T 14848　地下水质量标准

NY/T 393　绿色食品农药使用准则

NY/T 1731　食用菌菌种良好作业规范

NY/T 1742　食用菌菌种通用技术要求

NY/T 2375　食用菌生产技术规范

NY/T 5099　无公害食品　食用菌栽培基质安全技术要求

NY/T 5010　无公害农产品　种植业产地环境条件

3 术语和定义

下列术语和定义适用于本文件。

3.1

大球盖菇 *Stropharia rugosoannulata*

又名皱环球盖菇、酒红色球盖菇，隶属担子菌门，伞菌纲，伞菌目，球盖菇科，球盖菇属。菌盖红褐色或葡萄酒红褐色、暗褐色，菌盖肉质肥厚、色白，边缘内卷，近半球形，后扁平；菌褶直生，幼菇灰白色，成熟时褐色；菌柄白色、近圆柱形，靠近基部稍膨大。

3.2

菌种　spawn

通过生产试验验证具有特异性、均一性和稳定性，丰产性好、抗性强的菌株或品种，生长在适宜基质上具结实性的菌丝培养物，包括母种（一级种）、原种（二级种）和栽培种（三级种）。

3.3

播种　spawning

将菌种种植在培养基质上的过程。

3.4

穴播　hole spawning

将菌种块种植在培养基质洞穴内。

3.5

层播　layer spawning

将菌种分层种植在培养基质内部的播种方式。

3.6

混播　mixed spawning

将菌种与培养基质均匀混合的播种方式。

3.7

基质（基物）　substrate

微生物赖以生存的物质。

3.8

发菌　spawn running

又称"走菌"，菌丝体在培养基质内生长、扩散的过程。

3.9

覆土　casing soil

将普通土粒或粗糠稀泥混合为材料，覆盖在已经长满菌丝体培养料的表面，从而促使出菇。

3.10

出菇　fruiting

子实体逐渐长大并长出覆盖物的过程。

4　菌种选择

选择大球盖菇菌种，菌种生产条件和技术力量应符合NY/T 1731和NY/T 2375标准，菌种的质量应符合NY/T 1742规定。

5 栽培环境

土壤环境条件符合NY/T 5010规定；有充足的洁净水源，水质量符合GB/T 5749和GB/T 14848规定。

6 栽培方式

6.1 林下栽培

在果园、天然林的林下间距2～3m的空隙进行露地栽培。

6.2 设施栽培

在日光温室或塑料棚、专用菇房，采用多层出菇架式、单层架式或地表菇床栽培。

7 栽培基质

7.1 基质配方

选用无污染、无霉变的玉米秸秆、稻草、麦秸、木屑，单用或混用，与25%左右牛羊粪发酵20～30d、通过发酵杀灭病虫的粪草培养基质，选择的基质应符合NY/T 5099和NY/T 2375规定。

栽培1m²大球盖菇需要50kg干粪草料基质，以下是3个基质配方：
- 干麦秸或稻草30kg、木屑7kg、干牛羊粪12kg（或用其他畜禽干粪代替）、豆饼粉3kg、磷酸氢二钾100g、白灰300g。
- 干玉米秸秆32kg、木屑5kg、干牛羊粪12kg（或用其他畜干粪代替）、磷酸氢二钾100g、白灰300g。
- 干麦秸或稻草15kg、干玉米秸秆22kg、干牛羊粪12kg（或用其他畜干粪代替）、磷酸氢二钾100g、白灰300g。

7.2 基质发酵

7.2.1 备料

根据基质配方比例，最好选用脱粒后已经碾压茎秆破裂变软有利于吸水和发酵的麦秸或稻草，玉米秸秆截成30cm长短的秸秆段；晒干的畜禽粪打碎，过磷酸钙、磷酸氢二钾石灰等辅料需要提前准备。基质应符合NY/T 5099规定。

7.2.2 基质预湿

秸秆放在1%～2%的石灰水内浸泡一昼夜进行预湿。

将细干粪边喷水边堆成宽1.5m、高1m的长方形粪堆，充分湿润的粪含水量60%为宜，简易的判断方式是手握成团，松手即散。

7.2.3 基质建堆发酵

预湿好的基质，在硬化发酵场，先铺一层厚约30cm秸秆，上面铺一层7cm盖住草层的粪，粪层上面再铺30cm厚的秸秆，秸秆上再铺一层粪，如此一层秸秆一层粪逐层向上堆积，堆到高1.5m，辅料按"下层不加，中层少（1/3）、上层多（2/3）"的原则分层撒铺于各秸秆层，水分缺乏时可酌情补充水分。建堆时注意堆形四边垂直，整齐，料堆顶部做成龟背形，并用粪覆盖，增加上层压力，雨天注意盖薄膜防雨，雨后及时揭膜。

7.2.4 基质翻堆发酵

发酵堆内温度升至65℃，5d后进行第一次翻堆，加足水分，在发酵堆上间隔0.8～1.0m打透气孔。堆内温度再次升至65℃，4d后进行第二次翻堆，适当补充水分。堆内温度再次升至65℃，3d后进行第三次翻堆，适当补充水分。第三次翻堆后，堆内料温升至58～62℃，3d后翻堆待用。

8 播种发菌

8.1 菌种准备

栽培1m²大球盖菇，准备栽培种1kg。质量应符合NY/T 1742规定。

8.2 栽培场地消毒

林下栽培在播种前15d，平整林下空地、清理枯枝落叶，喷洒甲基硫菌灵和阿维菌素消毒杀虫；设施内全面消毒。农药使用符合NY/T 393和GB/T 8321使用准则。

8.3 播种

林下栽培出菇，发酵好的基质快速转移到深10cm、宽60～110cm出菇槽内，采用混合播种、层播或穴播方式均可。设施内栽培，人工搬运或传输带输送培养基质的同时把菌种均匀混播到基质中。培养料厚度25～30cm。

8.4 发菌（菌丝体培养）

林下栽培播种后在培养基质上覆盖5cm的稻草，保持稻草湿润；设施内栽培，播种后保持空气湿度75%，温度在22～25℃，加强通风。

9 覆土出菇管理

9.1 覆土准备

覆土可以选择具有团粒结构、土质疏松、持水能力强、通气性能好、腐殖质含量高的草炭土或田园耕层以下土，播种的同时将选好的土摊在太阳下晒3～5d，选用符合NY/T 393和GB/T 8321使用准则的农药（噁霉灵或甲基硫菌灵、高效氯氰菊酯或阿维菌素），彻底杀死病原菌和害虫。药剂处理闷5d后，用石灰水调覆土湿度到手握成团松手散开、pH值调至7.0～7.5。

9.2 覆土发菌管理

覆土前1d需要整理料面，如果料面较干就用pH值为7.5的石灰水喷雾调湿后，覆土厚度掌握在3.5~4.5cm，要求覆土薄厚要均匀。覆土后温度控制在21~23℃，根据表面湿度变化，采取轻喷、勤喷、少喷水的方法使土壤保湿。手捏土壤成团、不板结、不粘手为宜。

9.3 出菇管理

林下栽培覆土后，继续覆盖3cm左右的稻草，保持稻草湿润；设施内栽培出菇，覆土后认真观察，保持土壤湿润，加大通风、增加散射光、降低温度17~21℃，每天轻喷、勤喷、少喷水，保持空气湿度80%~90%。喷水后加大通风，保持空气新鲜，诱导出菇。

10 采收

现蕾后的7~10d，根据市场需求及用途，确定采收标准，适时采收。采收时用手捏住菇盖，轻轻旋转采下，现场去杂分级，直接包装或冷藏保鲜，尽量减少菇体损伤。

11 转潮管理

采收后剔除床面老根死菇，补覆湿润细土，保持床面湿润，继续出菇管理。

ICS 65. 020. 01
CCS B16

DB15

内 蒙 古 自 治 区 地 方 标 准

DB15/T 2546—2022

平菇病虫害防控技术规程

Regulation for Pests and Diseases Control of Pleurotus Mushrooms

2022-04-25 发布　　　　　　　　　　　　2022-05-25 实施

内蒙古自治区市场监督管理局　　发 布

前　言

本文件按照GB/T 1.1—2020《标准化工作导则　第1部分：标准化文件的结构和起草规则》的规定起草。

本文件由内蒙古自治区果蔬标准化技术委员会（SAM/TC 25）归口。

本文件起草单位：内蒙古自治区农牧业科学院。

本文件主要起草人：王海燕、孙国琴、幕宗杰、庞杰、李亚娇、扈顺、付崇毅、韩凤英、王永、于传宗、康立茹、薛国萍。

平菇病虫害防控技术规程

1 范围

本文件规定了平菇侵染性病害、生理性病害、虫害及防控技术要点。

本文件适用于平菇常见侵染性病害、生理性病害、虫害的防控。

2 规范性引用文件

本文件没有规范性引用文件。

3 术语和定义

下列术语和定义适用于本文件。

3.1

平菇病害 pleurotus mushrooms diseases

平菇在生长过程中，由于受到不适宜的环境条件影响，或有害生物的侵染，使其生理机能的正常代谢受到抑制和破坏，导致平菇菌丝体或子实体及其着生的基物呈现出特有的反常状态，从而造成平菇质量下降、产量减少等损害。

3.2

生理性病害 physiological diseases

在栽培过程中，由于环境条件及管理方法不妥，造成菌丝体及子实体反常生理活动的现象。母种经各种方法选育得到的具有结实性的菌丝体纯培养物及其继代培养物，以玻璃试管或培养皿为培养容器和使用单位，也称为一级种、试管种。

3.3

侵染性病害 infectious diseases

由各种病原微生物的侵染引起的病害，能相互传染，有侵染过程。

3.4

平菇虫害 pleurotus mushrooms pests

害虫以平菇的培养料、菌丝体、子实体为食，来繁衍自己的种群使平菇发生虫害，造成菌丝体或子实体受伤、衰退、死亡，培养料腐烂，子实体残缺。

4 病害防控

4.1 侵染性病害

4.1.1 褐腐病

4.1.1.1 症状

平菇子实体感染后，菇蕾分化受到阻碍，幼菇畸形或萎缩，在发病初期，子实体变黄，呈肉质水渍状；后期，子实体停止生长，并渗出汁液，汁液呈褐色，有腐败的气味。菇料被感染后变成黑褐色，导致不出菇。

4.1.1.2 防控措施

使用清洁的水拌料，严格控制培养料水分含量。

在出菇期间，要加强通风，降湿降温，浇水时避免菌袋和菌盖积水。

选用适宜的品种，适温发菌，适温出菇。

发病以后要立即将病菇摘除，停止浇水，并在菌袋上喷施500倍液农用链霉素。

4.1.2 软腐病

4.1.2.1 症状

子实体发病时，先从菌柄基部开始，逐渐向上传染，呈现淡褐色软腐症状；受害严重时，菌柄及菌褶处长满白色病原菌丝，病菇变为褐色，变软，腐烂。

4.1.2.2 防控措施

发病初期，将病部连同培养料扩大10cm左右挖除，并在该区域涂抹400倍液多菌灵溶液或撒施石灰粉封口。

停止喷水，并加大通风量，降低棚温，降湿后在发病部位喷洒0.1%～0.2%克霉灵溶液或50%多菌灵800～1 200倍液，发病不严重的喷10%石灰水上清液，每天1次，连喷3次。

选用新鲜的培养料，使用前应暴晒2～3d。

发菌管理时，出菇袋应置于阴凉、通风、洁净的场所，避免在菌丝体培养过程中滋生大量杂菌。

转潮期间，做好床面清理。

4.1.3 干腐病

4.1.3.1 症状

染病菇体停止生长，呈失水状萎缩，菇体颜色变暗，严重时不再转潮，病菇有时产生白色粉末状物。

4.1.3.2 防控措施

栽培场地要选择在无污染、水源清洁、排灌方便的地方。

发病初期，将染病子实体连同培养料扩大5cm左右挖除，并将其清理出棚，焚烧处理。

菇棚在使用前要严格消毒，用多菌灵1：500倍稀释液喷洒一遍，再撒一层石灰粉。对生产过程中产生的垃圾、污染物要及时清理，深埋。

发病后停止浇水，在棚内喷雾40%二氯异氰尿酸钠和链霉素500倍液，喷雾2次，每次间隔5d。地面喷施3%石灰水可有效控制病害蔓延。

4.1.4 黄斑病

4.1.4.1 症状

初期菇盖边缘出现零星黄色小斑点，子实体分泌黄色水滴，使其表面出现黄褐色斑点或斑块，随之病区扩大，严重时整丛菇发病，病菇呈水渍状，但不腐烂，病菇生长发育迟缓。

4.1.4.2 防控措施

选用抗黄斑病品种，在适宜的季节栽培。

菌袋摆放时避免密集堆垛，每袋之间要有空隙。

及时摘除病菇，清理料面，保持地面干净，定期撒石灰粉进行环境消毒。

加强通风，停止喷水或减少喷水，将菇房内空气湿度降到90%以下。

喷洒45%～50%克霉灵300倍液进行防治，喷洒3次，第一次和第二次间隔1d，第三次与第二次间隔5d。

用1%漂白粉对棚内走道、墙壁、棚外四周喷洒1次，用多菌灵1：500倍稀释液喷洒料面，每天1～2次，连喷4d。

适时采收。

4.1.5 木霉、曲霉、链孢霉

4.1.5.1 症状

木霉初期呈白色絮状，菌丝生长快速，2d后产生绿色分生孢子团将料面覆盖，使菌丝体失去营养而停止生长，菌袋报废；曲霉孢子较耐高温，发菌10d后，在菌袋内壁出现绒毛状菌丝，后形成黄色或深褐色的粉末状分生孢子；链孢霉在25～30℃下，孢子6h萌发，形成大量棉絮状菌丝，48h后产生大量橘红色的分生孢子，孢子随着空气扩散到其他菌袋袋口或破袋处重复感染。

4.1.5.2 防控措施

栽培环境整洁、干净，栽培场所和周围环境用百菌清或200～300倍液过氯乙酸进行消毒。

选用干净、无霉变、无污染的培养料。

选择抗病、符合质量要求的菌种。

科学合理控制温湿度。

及时剔除被污染的菌袋。

发病部位喷洒0.1%～0.2%克霉灵溶液或在棚内喷雾40%二氯异氰尿酸钠。

4.2 生理性病害

4.2.1 子实体菜花状或珊瑚状畸形

4.2.1.1 症状

通风不好、弱光时，子实体原基不断分化，小柄分权多，在柄端膨大处形成丛生的小菇蕾，类似菜花状，无商品价值。有时子实体菌柄伸长、分权多，结构松散，菌盖呈苍白色，整个子实体呈珊瑚状。

4.2.1.2 防控措施

适当增强光照，光照在200lx以上，加强通风。

4.2.2 长脚菇

4.2.2.1 症状

在通风差、弱光时平菇子实体菌柄粗长，菌盖小，部分呈喇叭状，色苍白，或菌柄细长，没有菌盖，可食用，但商品价值极低。

4.2.2.2 防控措施

改善光照条件，加强通风。

4.2.3 子实体光秆或厚盖畸形

4.2.3.1 症状

子实体光长菌柄不长菌盖，菌柄顶部只有一个小缺口，色深；或菌盖厚、小，表面有肉刺，菌盖边缘不伸展，边缘有麻点，色深。

4.2.3.2 防控措施

适时调节温度，出菇期间如遇低温，白天照光升温，适当通风，夜晚关闭通风孔保温，避免低温、冻害。

5 虫害防控

5.1 虫害

为害平菇的害虫主要有眼蕈蚊、多菌蚊、跳虫等。眼蕈蚊幼虫除咬食平菇培养料和菌丝外，还在平菇子实体上打洞蛀食，受害的子实体组织变黄，菌柄基部呈海绵状，严重的子实体会死亡腐烂。成虫携带和传播螨类及病原菌；多菌蚊幼虫直接为害菌丝和菇体，成虫体上常携带螨虫和病菌；跳虫取食菌丝，导致菌丝退菌，菇体形成后，咬食子实体，钻进菌柄和菌盖中取食，造成孔洞。

5.2 防控措施

合理选择栽培季节和场地。

多品种轮作。

培养料需高温处理，杀灭料中虫源，减少发菌期菌蚊繁殖量。

菇房悬挂黄光杀虫灯，每隔10m挂一盏灯，夜间开灯，早上熄灭，诱杀成虫。

无电源的菇棚悬挂黄板，悬挂于菌袋上方。

出菇期发现虫害，用菇净或1%甲胺基阿维菌素1 000倍液加水喷雾。喷药前将能采摘的菇体全部采收，并停止浇水1d。

ICS 65.020.01
CCS B16

DB15

内 蒙 古 自 治 区 地 方 标 准

DB15/T 2547—2022

滑子菇病虫害防控技术规程

Regulation for Pests and Diseases Control of *Pholiota nameko*

2022-04-25 发布　　　　　　　　　　　　　2022-05-25 实施

内蒙古自治区市场监督管理局　　发 布

前　言

本文件按照GB/T 1.1—2020《标准化工作导则　第1部分：标准化文件的结构和起草规则》的规定起草。

本文件由内蒙古自治区果蔬标准化技术委员会（SAM/TC 25）归口。

本文件起草单位：内蒙古自治区农牧业科学院。

本文件主要起草人：王海燕、孙国琴、李亚娇、庞杰、慕宗杰、扈顺、薛国萍、付崇毅、于传宗、王永、韩凤英、田文龙。

滑子菇病虫害防控技术规程

1 范围

本文件规定了滑子菇病害（黏菌性病害、菇体腐烂病、杂菌）、虫害防控技术要点。本文件适用于滑子菇常见病虫害防控。

2 规范性引用文件

本文件没有规范性引用文件。

3 术语和定义

下列术语和定义适用于本文件。

3.1

滑子菇病害 *Pholiota nameko* diseases

在滑子菇生长过程中，由于受到不适宜的环境条件影响，或有害生物的侵染，使其生理机能的正常代谢受到抑制和破坏，导致菌丝体或子实体及其着生的基物呈现出特有的反常状态，从而造成质量下降、产量减少等损害。

3.2

生理性病害 physiological diseases

在栽培过程中，由于环境条件及管理方法不妥，造成菌丝体及子实体反常生理活动的现象。

3.3

侵染性病害 infectious diseases

由生物因素引起的病害，能相互传染，有侵染过程。

3.4

滑子菇虫害 *Pholiota nameko* pests

菇蚊、菇蝇等害虫以食用菌的培养料、菌丝体、子实体为食，来繁衍自己的种群使滑子菇受害，造成菌丝体或子实体受伤、衰退、死亡，培养料腐烂，子实体残缺。

4 病害防控

4.1 黏菌性病害

4.1.1 症状

黏菌主要生长在菇床料面、菌袋表面，造成培养料表面产生黏稠状物呈半流动状态，乳白色或黄色。造成不出菇、烂棒，子实体腐烂。

4.1.2 防控措施

培养料灭菌要彻底。

栽培场所及周围环境用百菌清或200～300倍液过氯乙酸进行消毒。

将发病部位培养料挖除，停止浇水，撒上白灰或喷洒500倍液高锰酸钾溶液，连续进行3次，每次间隔3～5d。

加强通风，降低湿度。

4.2 菇体腐烂病

4.2.1 症状

发病初期，菌盖或菌柄上出现水渍状斑点，在高温、高湿条件下，病斑扩大，引起菌盖或菌柄呈水渍状腐烂，并散发臭味。

4.2.2 防控措施

选用抗病品种，适温发菌，适温出菇。

用洁净的水拌料，控制培养料水分含量。

出菇期加强通风，防止菌袋和菌盖积水。

发病初期，停止浇水，加强通风，在菌袋上喷施噻霉酮或中生菌素等。

4.3 杂菌

4.3.1 症状

发病初期在培养料表面出现白色棉絮状菌落，较厚，抑制滑子菇菌丝生长。曲霉产孢后变为黑色或黄绿色的粉状霉层；青霉产孢后变为青绿色；木霉产孢后变为绿色；链孢霉产孢后形成巨大的淡黄色、橘黄色的菌落，这些污染菌在基物表面形成刚毛状分生孢子梗，碰触后孢子易散发。

4.3.2 防控措施

栽培场所进料前用百菌清烟剂进行消毒。

培养温度控制在25℃以下。

加强通风，降低湿度。

使用符合质量要求的菌种。

发菌期要勤检查，有污染的菌袋要及时拣出。

5 虫害防控

5.1 害虫

为害滑子菇的害虫主要有尖眼蕈蚊、菇蝇、菇蚊等。尖眼蕈蚊幼虫取食培养料和菌丝，造成培养料变黑腐烂，不发菌或菌丝生长受阻，取食已长出的菇类，在菇柄上产生隧道形成坏菇；成虫携带和传染杂菌；菇蝇或菇蚊成虫和幼虫咬食菌丝体和子实体，使子实体出现凹坑，并变色，造成幼菇生长衰退死亡。

5.2 防控措施

保持栽培环境整洁、干净，周围无废料和腐烂脏物。

菌棚（房）通风口处都要用40～60目的防虫网封严。

在成虫羽化期，利用杀虫灯、黑光灯等对其进行诱杀。

悬挂黄板。

ICS 65.020.20
CCS B05

DB15

内 蒙 古 自 治 区 地 方 标 准

DB15/T 2548—2022

草原蘑菇'蒙白音1号'设施栽培技术规程

Technical Specification for Facility Cultivation of Grassland
Mushroom Mengbaiyin No.1

2022-04-25发布 2022-05-25实施

内蒙古自治区市场监督管理局 　 发 布

前　言

本文件按照GB/T 1.1—2020《标准化工作导则　第1部分：标准化文件的结构和起草规则》的规定起草。

本文件由内蒙古自治区果蔬标准化技术委员会（SAM/TC 25）归口。

本文件起草单位：内蒙古自治区农牧业科学院、锡林浩特市白音锡勒生物科技有限公司。

本文件主要起草人：孙国琴、李亚娇、王海燕、慕宗杰、王润元、付崇毅、王永、于传宗、张瑶佳、庞杰、菅志强、郭志英。

草原蘑菇'蒙白音1号'设施栽培技术规程

1 范围

本文件规定了草原蘑菇'蒙白音1号'设施栽培相关的菌种质量、场地选择、栽培技术、采收等技术。

本文件适用于牛羊圈、日光温室和塑料大棚、工厂化专用菇房等草原蘑菇'蒙白音1号'设施栽培。

2 规范性引用文件

下列文件中的内容通过文中的规范性引用而构成本文件必不可少的条款。其中，注日期的引用文件，仅该日期对应的版本适用于本文件；不注日期的引用文件，其最新版本（包括所有的修改单）适用于本文件。

GB/T 5749　生活饮用水卫生标准

GB/T 8321　（所有部分）农药合理使用准则

GB/T 14848　地下水质量标准

NY/T 393　绿色食品农药使用准则

NY/T 1731　食用菌菌种良好作业规范

NY/T 1742　食用菌菌种通用技术要求

NY/T 2375　食用菌生产技术规范

NY/T 5010　无公害农产品　种植业产地环境条件

NY/T 5099　无公害食品　食用菌栽培基质安全技术要求

3 术语和定义

下列术语和定义适用于本文件。

3.1

蒙白音1号　Mengbaiyin No.1

白鳞蘑菇（*Agaricus bernardii*）的一个栽培种，为草腐菌。隶属于伞菌目（Agaricales），蘑菇科（Agaricaceae），蘑菇属（*Agaricus*）。'蒙白音1号'菇盖棕色有鳞片，菌褶深褐色，菇柄白色到浅棕色，菌肉乌白、肉质细腻、味道鲜美，是一种食用和药用价值都很高的珍稀草原蘑菇新品种。

3.2

菌种 spawn

通过生产试验验证具有特异性、均一性和稳定性，丰产性好、抗性强的菌株或品种，生长在适宜基质上具结实性的菌丝培养物，包括母种（一级种）、原种（二级种）和栽培种（三级种）。

3.3

播种 spawning

将菌种通过穴播、层播、混播种植在培养基质上的过程。

3.3.1

穴播 hole spawning

将菌种块种植在培养基质洞穴内。

3.3.2

层播 layer spawning

将菌种分层种植在培养基质内部的播种方式。

3.3.3

混播 mixed spawning

将菌种与培养基质均匀混合的播种方式。

3.4

基质（基物） substrate

食用菌赖以生存的营养物质。

3.5

发菌 spawn running

菌丝体在培养基质内生长、扩散的过程，又称"走菌"。

3.6

覆土 casing soil

将普通土粒或粗糠稀泥混合为材料，覆盖在已经长满菌丝体培养料的表面。

3.7

出菇 fruiting

子实体逐渐长大并长出覆盖物的过程。

4 菌种选择

生产企业或菌种供应中心，生产条件和技术力量应符合NY/T 1731和NY/T 2375标准，菌种的质量应符合NY/T 1742规定。

5 栽培设施及方式

5.1 栽培设施

选择交通运输便利、地势较高的牛羊圈、日光温室或塑料大棚、专用菇房。净化设施环境卫生，清理掉出菇设施周边的杂草和垃圾，彻底清除菇棚内外病虫源，环境条件符合NY/T 5010规定；有充足的洁净水源，水质量符合GB/T 5749和GB/T 14848规定标准。

5.2 栽培方式

根据栽培设施的规模，多层出菇架式栽培、单层架式或地表菇床栽培。

多层出菇架式的金属架，架高2~3.6m，架宽1~1.2m，设3~6层，层间距0.6m，每个出菇架间距0.6~0.7m；单层金属出菇架架高0.5~1m，架宽1~1.2m，每个出菇架间距0.6~0.7m；地表菇床出菇的，向地下挖10~20cm或地面直接建25~30cm、宽1~1.2m，长度根据栽培设施跨度灵活确定。在温度能够调控的设施内，可周年栽培出菇。

6 栽培基质

以牛羊粪和无污染、无霉变秸秆为主要原料、通过发酵杀灭基质内病虫的粪草料，培养基质要符合NY/T 5099和NY/T 2375规定。

6.1 基质配方

栽培1m²需要50kg干粪草料基质，应选用以下配方：

- 干麦秸或稻草（一种或两种混合）20kg、木屑5kg、干牛羊粪22kg、豆饼粉或玉米粉2.5kg、磷酸氢二钾10g、白灰400g。
- 干玉米秸秆20kg、木屑4.5kg、谷糠或麦麸3kg、干牛羊粪22kg、磷酸氢二钾100g、白灰400g。
- 干麦秸或稻草12kg、干玉米秸秆13kg、谷糠或玉米粉2.5kg、干牛羊粪22kg、磷酸氢二钾100g、白灰300g。
- 干玉米秸秆3kg、木屑8kg、谷糠或麦麸6kg、玉米粉2.5kg、磷酸氢二钾100g、白灰400g。
- 干麦秸或稻草（一种或两种混合）35kg、木屑7kg、玉米粉3kg、谷糠或麦麸皮4.5kg、磷酸氢二钾100g、白灰400g。

6.2 基质发酵

6.2.1 备耕

选用经碾压变软的秸秆（玉米秸秆截成30cm），晒干的牛羊粪打碎，根据选用的基质配方，备好其他辅料，应符合NY/T 5099规定。

6.2.2 基质预湿

秸秆放在1%～2%的白灰水内浸泡一昼夜进行预湿；将细干粪边喷水边堆成宽1.5m、高1m的长方形粪堆，控制其含水量60%（手握成团，松手即散）。

6.2.3 基质建堆

在硬化发酵场，将预湿好的基质，一层秸秆（约30cm）一层粪（约20cm）逐层向上堆积，堆到高1.5m左右，辅料按"下层不加、中层少（1/3）、上层多（2/3）"的原则撒铺于各秸秆层，可酌情补充水分。

料堆顶部做成龟背形，并用粪覆盖，增加上层压力，雨天盖薄膜防雨，雨后及时揭膜。

6.2.4 发酵方式

6.2.4.1 基质翻堆发酵

发酵堆内温度升至65℃，5d后进行第一次翻堆，加足水分，在发酵堆上间隔0.8～1.0m打透气孔。

堆内温度再次升至65℃，4d后进行第二次翻堆，适当补充水分。

堆内温度再次升至65℃，3d后进行第三次翻堆，适当补充水分。

第三次翻堆后，堆内料温升至58～62℃，3d后翻堆待用。

6.2.4.2 基质隧道发酵

培养料按照粪草比例同时预湿后，用抛料机将秸秆和粪抛到第一隧道，待基质温度升到65℃时，5d进行翻料，同时调节水分在72%左右、pH值调至7.5～8.0，转移到第二隧道，待温度升至65℃时5d后，转到第三隧道继续发酵，堆内料温升至58～62℃，3d后，降温待用。

7 栽培

7.1 菌种准备

每平方米需要栽培种1kg。质量符合NY/T 1742规定。

7.2 设施内消毒

播种前2d，设施内用噁霉灵或甲基硫菌灵、高效氯氰菊酯进行地面、墙面、空间、出菇架和使用工具全面彻底消灭病毒杂菌和虫卵。选用的消毒杀虫药要符合NY/T 393和GB/T 8321（所有部分）使用准则。

7.3 播种

发酵好的培养基质温度降至30℃以下，及时播种。

多层架式栽培采用混合播种方式。

单层架式或地表菇床栽培采用混合播种、层播或穴播方式。

培养料厚度25～30cm。

7.4 发菌（菌丝体培养）

播种后，保持空气湿度75%、温度保持在18～22℃；加强通风，保持湿度；16～18d，菌丝体长满2/3培养料及时覆土。

8 覆土出菇管理

8.1 覆土准备

选择土质疏松、持水能力强、通气性能好、腐殖质含量高的草炭土或田园耕层以下土，在太阳下晒3～5d，选用符合NY/T 393和GB/T 8321（所有部分）使用准则的农药（噁霉灵或甲基硫菌灵、高效氯氰菊酯或阿维菌素），彻底杀死覆土内病原菌和害虫。药剂处理后闷5d，用白灰水调整覆土湿度65%、pH值调至7.5～8.0。

8.2 覆土发菌管理

覆土前1d整理菇床料面，用pH值为7.5的白灰水喷雾料面湿润，均匀覆土厚度3～4.5cm。温度控制在15～21℃，保持土壤湿润。15～18d进入出菇管理。

8.3 出菇管理

加大通风、增加散射光、温度保持在17～22℃、空气湿度保持80%～90%。

8.4 采收

菇盖长到5～7cm及时采收。

8.5 转潮管理

采收后剔除床面老根死菇，补覆湿润细土，保持床面湿润，继续出菇管理。

ICS 65.020.20
CCS B05

DB15

内 蒙 古 自 治 区 地 方 标 准

DB15/T 2755—2022

高寒地区灵芝生产技术规程

Technical Code of Practice for Producting *Ganoderma lucidum* in Alpine Area

2022-08-15发布 2022-09-15实施

内蒙古自治区市场监督管理局 发 布

前　言

本文件按照GB/T 1.1—2020《标准化工作导则　第1部分：标准化文件的结构和起草规则》的规定起草。

本文件由内蒙古自治区农牧厅提出。

本文件由内蒙古自治区农业标准化技术委员会（SAM/TC 20）归口。

本文件起草单位：内蒙古自治区农牧业技术推广中心、内蒙古农业大学、根河市利民食用菌产销专业合作社、内蒙古科信科技经费监管服务中心。

本文件主要起草人：鲍红春、李小雷、韩立明、姚继红、张欣、贾晓东、刘俊、石慧芹、孙晶洁、曹慧、孔令江、肖强、吕艳霞、焦洁、刘亚农、温波、王娟娟、王海霞、李文彪、张红娥、牛荣。

高寒地区灵芝生产技术规程

1 范围

本文件规定了高寒地区采用大棚地埋式和林下栽培灵芝的产地环境、生产技术管理。本文件适用于高寒地区灵芝栽培。

2 规范性引用文件

下列文件中的内容通过文中的规范性引用而构成本文件必不可少的条款。其中，注日期的引用文件，仅该日期对应的版本适用于本文件；不注日期的引用文件，其最新版本（包括所有的修改单）适用于本文件。

GB/T 3095　环境空气质量标准

GB/T 5749　生活饮用水卫生标准

GB/T 15618　土壤环境质量　农用地土壤污染风险管控标准（试行）

NY/T 1731　食用菌菌种良好作业规范

NY/T 1742　食用菌菌种通用技术要求

NY/T 1935　食用菌栽培基质质量安全要求

3 术语和定义

下列术语和定义适用于本文件。

3.1

灵芝 *Ganoderma lucidum*

又称仙草、神芝、林中灵、琼珍等，是灵芝科真菌灵芝的子实体。

3.2

林下栽培 **cultivation under forests**

将长满菌丝后的菌袋（段）摆放在适宜环境条件的林地内进行出菇的一种栽培方式。

3.3

兴安落叶松 **larch in Xingan**

隶属于松科，落叶松属的落叶乔木，分布于我国大、小兴安岭，是我国耐寒性最强的针叶树种之一。

3.4

地埋式栽培 buried cultivateon

将室内长满菌丝的菌袋，在温度适宜时地埋在平坦的林地或塑料大棚内，使之出菇的一种栽培模式。

3.5

郁闭度 crown density

林冠的垂直投影面积与林地面积之比，以十分数表示。

4 产地环境

产地环境应符合GB/T 15618、GB/T 5749和GB/T 3095的要求。

5 生产技术管理

5.1 栽培林地选择及作畦

选择交通方便、近水源、排水方便、郁闭度为0.6～0.7条件。在林下整地、全面清除杂物，将表土集中堆放作为覆土备用，挖沟作畦，畦宽80～100cm，畦深25～30cm，其长度需依据实际情况决定，畦内撒石灰粉杀菌。

5.2 菌种选择和生产

5.2.1 菌种选择

选择经过栽培试验适合本地气候条件，抗逆性强，菌丝生长健壮，子实体整齐，速生高产的优良菌种。

5.2.2 菌种生产

根据当地生产季节，严格按照NY/T 1935、NY/T 1731和NY/T 1742的要求生产母种、原种和栽培种。

5.3 袋栽培养料制备

5.3.1 选择配方

阔叶树木屑、玉米芯、豆秆、棉籽壳、麦麸、米糠等都可作为栽培灵芝的主要原料，配料可选择米糠或麦麸，配方如下：

配方1：阔叶木屑78%、麦麸（米糠）20%、石膏1%、蔗糖1%，pH值为5.5～6.5，含水量为60%～65%。

配方2：阔叶木屑或12cm长木棒85%、麸皮15%，pH值为5.5～6.5，含水量为60%～65%。

配方3：玉米芯75%、麦麸23%、石膏1%、白糖1%，pH值为5.5～6.5，含水量为60%～65%。

5.3.2 装袋

选用聚乙（丙）烯折角筒袋，人工装料时要边装料边用手稍压实，也可用装袋机装袋。

装袋要求：最好早晨装，用手拿没有指印，不变形为宜，以不撑破袋为原则越紧越好。料高为袋长3/5，料湿重为0.9~1kg。

5.3.3 灭菌

采用高压蒸汽灭菌或常压蒸汽灭菌。高压灭菌工作压力1.1~1.5kg/cm^2，温度121~125℃，1.5~2h；常压灭菌温度100℃，6~8h。

5.3.4 冷却

灭菌后料袋移入冷却室或已消毒的培养室冷却，袋温降至30℃以下接种。

5.4 接种与培养

5.4.1 接种

严格按无菌操作技术要求进行，接种室（箱）或培养室在接种前消毒一次，料袋和接种用品、菌种移入后要表面用75%酒精二次消毒。一瓶原种（500mL）接25~30袋。

5.4.2 培养

培养室使用前要消毒，菌袋立式摆放层架上，袋口朝外，每隔5d检查一次。培养室内温度保持21~25℃（前期温度23~25℃，后期温度21~23℃），空气相对湿度以60%~70%为宜。经常通风换气，暗培养。经35d左右，菌丝长满袋为宜。

5.5 出菇阶段管理

5.5.1 菌棒处理

当灵芝菌棒长满、转色之后，需要先将菌棒塑料膜脱去，去除老化菌膜，袋与袋4~5cm的间隙竖直摆放（去除菌膜端朝上）在畦床上。

5.5.2 覆土

覆土时，用开沟时挖出的表土或是富含腐殖质的土将其进行填充并覆盖，覆盖厚度2cm左右。覆土后立即喷水，每次用水量低于1kg/m^2，等到土粒用手能捏扁，有少许泥胶粘手时停止喷水。林下栽培每畦加盖小拱膜保湿。

5.5.3 出菇管理

5.5.3.1 大棚出菇管理

将长满菌丝的菌袋移入大棚内，用1%高锰酸钾溶液表面消毒，用刀片将袋划破，揭去袋膜，竖立在畦内，菌棒间距2~3cm，空隙处用沙壤土填充，整个畦摆满后，在菌棒顶面依次撒1cm草木灰、2cm厚沙壤土，立即用1%的石灰水浇灌畦面至水分完全渗透土壤。

出菇时大棚温度保持22~25℃。若棚温超过28℃，及时在棚膜上加遮阳网并在棚内喷水降温，空气相对湿度保持90%～95%。要有散射光和充足氧气。

原基膨大逐渐形成菌盖时，加强喷水保湿，气温过高时喷水降温。

每棒留1～2个健壮芝蕾。

5.5.3.2 林下出菇管理

覆土后保持温度在18～28℃，气温较低时，检查小拱棚是否破损或合理地利用杂草覆盖，增强保温；温度较高时，用水进行喷雾降温。覆土定植后到分化菇柄期间，每天要把畦床上薄膜底脚揭开，通风2～3次，每次通风20～30min。如覆土发白，结合揭膜喷水，喷水量以覆土含水量25%左右，即土粒无白心为宜。当芝袋料面具有多个芝蕾出现时，可采用消毒剪疏蕾，每袋保留1～2个壮实的芝蕾即可。小拱棚内需要有充足、均匀的散射光，湿度保持在85%～90%，喷水时严禁让泥土附在菇盖上。

5.6 采收

当菌盖由软变硬，没有浅白色边缘，颜色由淡黄色转变为红褐色，采收前1d停止喷水，不再生长增厚时采收。

选择菌盖呈肾形或扇形、无虫蛀、无霉变、无破损，直径5cm左右。采收时手捏菌柄，不用手接触菌盖上下面，用已消毒剪刀割留菌柄1cm左右即可。避免用水冲洗灵芝，不许菌柄与另外菌盖碰撞，去除泥土和其他杂质，剪去过长菌柄，单个排列进行通风阴干或低温烘干；用密封的袋子包装起来密封好；放置在阴凉、干燥、通风处保存。

ICS 65.020.01
CCS B16

DB15

内 蒙 古 自 治 区 地 方 标 准

DB15/T 2756—2022

高寒地区灵芝种植虫害防治技术规程

Technical Code of Practice for Integrated Controlling Pests on
Ganoderma lucidum in Alpine Area

2022-08-15 发布   2022-09-15 实施

内蒙古自治区市场监督管理局   发 布

前　言

本文件按照GB/T 1.1—2020《标准化工作导则　第1部分：标准化文件的结构和起草规则》的规定起草。

本文件由内蒙古自治区农牧厅提出。

本文件由内蒙古自治区农业标准化技术委员会（SAM/TC 20）归口。

本文件起草单位：内蒙古农业大学、内蒙古自治区农牧业技术推广中心、根河市利民食用菌产销专业合作社。

本文件主要起草人：李小雷、鲍红春、姚继红、韩立明、张欣、贾晓东、刘俊、曹慧、孔令江、肖强、吕艳霞、焦洁、王海霞、刘亚农、温波、杨海燕、张明、周星、王思明、蔚炜华。

高寒地区灵芝种植虫害防治技术规程

1 范围

本文件规定了高寒地区林下或塑料大棚内采用地埋式种植灵芝的虫害防治技术要求。本文件适用于高寒地区灵芝种植。

2 规范性引用文件

下列文件中的内容通过文中的规范性引用而构成本文件必不可少的条款。其中，注日期的引用文件，仅该日期对应的版本适用于本文件；不注日期的引用文件，其最新版本（包括所有的修改单）适用于本文件。

NY/T 528 食用菌菌种生产技术规程

NY/T 1731 食用菌菌种良好作业规范

NY/T 1935 食用菌栽培基质质量安全要求

3 术语和定义

下列术语和定义适用于本文件。

3.1

灵芝 *Ganoderma lucidum*

又称神芝、仙草、林中灵、琼珍等，是灵芝科真菌。

3.2

兴安落叶松 **larch in Xingan**

隶属于松科，落叶松属的落叶乔木，分布于我国大、小兴安岭，是我国耐寒性最强的针叶树种之一。

3.3

郁闭度 **crown density**

林冠的垂直投影面积与林地面积之比，以十分数表示。

3.4

地埋式栽培 **buried cultivation**

将室内长满菌丝的菌袋，在温度适宜时地埋在平坦的林地或塑料大棚内，使之出菇的一种栽培模式。

3.5

气调养护法　controled atmosphere

降低氧气含量，增加二氧化碳或氨气含量，使害虫窒息或中毒死亡。

4　常见虫害及防治措施

4.1　常见虫害

灵芝的常见虫害有螨类、菌蚊类、蛞蝓、星狄夜蛾、谷蛾等，贮藏阶段主要是甲虫类木菌圆蕈甲。其为害阶段、传播途径、取食部位、为害症状见附录A。

4.2　防治措施

4.2.1　农业防治

4.2.1.1　清洁生产场所

彻底清理栽培场所的各种有机物，包括废弃菌渣、堆肥、垃圾、杂草等，尤其注意清理染病的菇体、已污染的菌袋、使用过的覆土材料等。

4.2.1.2　精选用材、优化栽培配方

严格筛选菌种，禁止菌种携带病原物。选择抗病虫能力强、适应性广菌种，并经常及时更新优良菌种。严格检查菌袋、盖塞、菌瓶等生产资料，防止因为菌袋破损、菌瓶或盖塞变形引起污染。补水时选用优质水源，尽量使用洁净的深井水，可在水中加入适量明矾净化水质。严格按照NY/T 1935的要求，优化代料培养料配方。

4.2.1.3　灭菌彻底、充分发酵

灵芝各级菌种制备严格按照NY/T 1731和NY/T 528的要求操作。对培养料进行彻底灭菌或充分发酵，防止培养料带病原物；对覆土材料进行严格选择和消毒处理，防止覆土材料带有虫原物。

4.2.1.4　采用科学合理的栽培措施，尽可能避免人为传播病原物

科学合理安排栽培时间，避开病虫害暴发期和连续阴雨天气。加强菇房通风，避免菇房温度过高，避免湿度过大，防止出现易发病的环境条件。在菌丝体培养阶段，应避免高温烧菌，积极采取措施控制菇房出现持续高温的情形。在原基形成或子实体生长阶段，应通过控制温度、喷水量和通风时间，防止子实体表面长时间积水或出现水膜。避免采用大水浇灌方式进行补水，防止水滴反溅，避免因为浇水而传播病原物。尽量采用微喷设施，使菇房中既保持一定的空气湿度，又使子实体表面不至于出现积水或水膜。在子实体采收时，应先采收健康的子实体，后采收感病的子实体，并将感病的子实体集中掩埋处理。

4.2.2　物理防治

4.2.2.1　设缓冲间、安防虫网

养菌棚和出芝棚之间架设连廊，出入口处设置缓冲间；培养室的门、窗和出菇场

所通风口安装60目以上防虫网。

4.2.2.2　消毒、诱杀

菇棚、接种室、操作器具等在紫外线和臭氧装置下严格消毒后方可使用。大棚内每100m²安装1盏光触媒灭蚊器、杀虫灯或诱虫灯（配置诱杀液）、每隔2m悬挂1张粘虫板。将装有炒熟菜籽饼（棉饼、豆饼）粉的纱布铺于出菇畦，待螨虫类聚集后连同纱布一起浸入沸水中。

4.2.2.3　暴晒、气调养护法

出菇期个别菌袋有瘿蚊为害，将发生虫害的菌袋在阳光下暴晒1～2h，或撒生石灰粉。灵芝装袋前放在温度为50℃以上烈日下暴晒2～3h，暴晒后含水量控制在12%以下，存放于0～7℃环境条件下。灵芝量大时可采用先进的气调养护法。

4.2.2.4　人工捕杀

灵芝栽培期间，每天早、中、晚安排值班人员巡查，发现个体很大或颜色较艳害虫随时捕杀。

4.2.2.5　水浸法

将培养袋浸泡在无菌水中2～3h取出，沥干至不滴水时放回原处。

4.2.3　生物防治

用茶树精油熏蒸进行星狄夜蛾防治。

4.2.4　化学防治

灵芝入库前2～3d对库房用40%的甲醛和高锰酸钾熏蒸。

附录A
（资料性附录）
常见虫害为害特征

常见虫害为害特征见表A.1。

表A.1　常见虫害为害特征

常见虫害	为害阶段	传播途径	取食部位	为害症状
螨类	菌种生产和出菇期	伴随人的活动和空气对流进入菌种室或发菌室，进而从棉塞空隙或料袋口侵入菌种瓶或袋料中	菌丝、菇蕾	引起菌种污染、刺伤菇蕾
菌蚊类	发菌期和幼小菇原基	门、窗飞入	菌丝、幼菇原基	菇原基产生孔洞，内部有若干纵横隧道，引起萎蔫
蛞蝓类	出菇期	潮湿环境滋生土传	幼菇菌盖、菌柄	受害处有不规则的缺刻状或凹陷斑块或造成穿孔
星狄夜蛾	发菌期	门、窗飞入，原料带入	菌丝、子实体	影响菌丝生长，纽结菌棒或整株子实体蛀空坏死
谷蛾	出菇期	门、窗飞入，原料带入	子实体	蛀食成粉末
木菌圆蕈甲	贮藏期	附着菇体	子实体	呈孔洞

ICS 65. 020. 01
CCS B16

DB15

内 蒙 古 自 治 区 地 方 标 准

DB15/T 2757—2022

高寒地区灵芝种植杂菌控制技术规程

Technical Code of Practice for Controlling Contamination
During Planting *Ganoderma lucidum* in Alpine Area

2022-08-15 发布　　　　　　　　　　2022-09-15 实施

内蒙古自治区市场监督管理局　　　　发 布

前　言

本文件按照GB/T 1.1—2020《标准化工作导则　第1部分：标准化文件的结构和起草规则》的规定起草。

本文件由内蒙古自治区农牧厅提出。

本文件由内蒙古自治区农业标准化技术委员会（SAM/TC 20）归口。

本文件起草单位：内蒙古自治区农牧业技术推广中心、内蒙古农业大学、根河市利民食用菌产销专业合作社、内蒙古科信科技经费监管服务中心。

本文件主要起草人：鲍红春、李小雷、韩立明、姚继红、张欣、贾晓东、刘俊、曹慧、孔令江、肖强、吕艳霞、焦洁、王海霞、刘亚农、温波、王娟娟、李文彪、王建民、杨海燕、张明、周星、刘瑞芳。

高寒地区灵芝种植杂菌控制技术规程

1 范围

本文件规定了高寒地区种植灵芝常见杂菌控制技术要求。

本文件适用于高寒地区灵芝种植。

2 规范性引用文件

下列文件中的内容通过文中的规范性引用而构成本文件必不可少的条款。其中，注日期的引用文件，仅该日期对应的版本适用于本文件；不注日期的引用文件，其最新版本（包括所有的修改单）适用于本文件。

NY/T 528　食用菌菌种生产技术规程

NY/T 1731　食用菌菌种良好作业规范

3 术语和定义

下列术语和定义适用于本文件。

3.1

灵芝　*Ganoderma lucidum*

灵芝又称神芝、仙草、林中灵、琼珍等，是灵芝科真菌。

3.2

杂菌　contamination

食（药）用菌培养（种植）中引起污染的微生物。

3.3

兴安落叶松　larch in Xingan

隶属于松科，落叶松属的落叶乔木，分布于我国大、小兴安岭，是我国耐寒性最强的针叶树种之一。

3.4

纯林　pure stand

由一种树种组成或混有其他树种不到一成的林分。

3.5

郁闭度　shade density

林冠的垂直投影面积与林地面积之比，用十分法表示。

3.6

菌种　spawn

生长在适宜基质上具结实性的菌丝培养物，包括母种、原种和栽培种。

3.7

接种　inoculation

按无菌操作技术要求将目的菌种移接到培养基质中的过程。

3.8

孢子　spores

真菌经无性或有性过程所产生的繁殖单元。

4　常见杂菌

常见杂菌有木霉、链孢霉、毛霉、曲霉，其为害症状见附录A。

5　杂菌控制措施

5.1　合理选择菌种培养场所

菌种场应远离仓库、饲养场、装料间等场所。已灭菌的菌种袋和菌种瓶直接进入接种间。菌种室要定期检查，发现有污染的菌种立即妥善处理。

5.2　选择优质生产用材

严格选择优质的菌袋、盖塞、菌瓶等生产资料，防止因为菌袋破损、菌瓶或盖塞变形引起的培养料被杂菌污染。补水时选用优质水源，尽量使用洁净的深水井，可在水中加入适量明矾净化水质。

5.3　菌种制作过程中杂菌控制措施

灵芝各级菌种制备严格按照NY/T 1731和NY/T 528的要求操作。接种时，将菌种前端老化的菌皮去除。菌袋或菌瓶温度应降到30℃以下才能进行接种操作。

5.4　做好栽培场地的卫生

栽培场地应远离仓库、饲养场、垃圾场等场所，减少杂菌的滋生。彻底清理各种有机物，包括废弃菌渣、堆肥、垃圾、杂草等，尤其注意清理染病的菇体、已污染的菌袋、使用过的覆土材料等。严禁闲杂人员进入栽培场，及时清除栽培场周围的杂草、旧袋等。

5.5　培养过程杂菌控制措施

菌种培养室在培养前1d用75%的酒精拖地，并用气雾消毒剂进行烟雾消毒，在室内用紫外线灭菌灯消毒30min，经常用来苏尔喷雾。培养室内避光培养，温度保持21~25℃（前期温度23~25℃，后期温度21~23℃），空气相对湿度以60%~70%为宜，经常通风换气。

菌袋移入大棚时，用1%高锰酸钾溶液表面消毒，覆土后立即用1%的石灰水浇灌畦面至水分完全渗透土壤。覆土几天后，如看到有小部分的木段表面长有杂菌，此时，可将这些木段取出处理，污染的木段周围用灭过菌的刀具进行稍大面积的切割处理，10%左右石灰水注入污染部位后，铺适量经消毒处理的土壤。

覆土后温度保持18～25℃，空气相对湿度保持85%～90%，每天通风2～3次，每次通风20～30min，保证有散射光和充足氧气。

5.6 原料、菌袋、工具严格管理

妥善保管麦麸、黄豆粉、木屑及木段等原料，严格控制杂菌滋生。废菇料、老菌袋不应堆在林地栽培场附近，应经过高温堆积发酵后再作他用。所有工具应在使用前进行消毒或灭菌。

5.7 严把菌种质量关

对刚分离培育的菌种进行试种观察，优选经济性状好、适应性强的菌种。引进的菌种按照质量标准挑选。在菌种扩繁过程中，及时淘汰污染的菌袋或菌瓶。生产的菌种，适时使用，转代次数低于3次。

5.8 残菇清除及局部消毒

及时拣出菇根、霉烂菇，局部处理霉烂菇周围，集中深埋或烧掉，不应随意扔放。

附录A
（资料性附录）
常见杂菌为害灵芝症状

常见杂菌为害灵芝症状见表A.1。

表A.1　常见杂菌为害灵芝症状

常见杂菌	发病条件	传播途径	发病部位	发病症状
木霉	适宜在15～30℃高湿和偏酸性环境	分生孢子可随气流飘浮传播	培养料表层、菌柄生长点、菌盖下的子实层及菌丝部分都易发生	发生初期为白色、松散絮状，成熟后变为绿色，生长快、繁殖力强。可将灵芝生长点、生长圈布满，抑制生长，使菌丝腐败而死
链孢霉	高温、高湿，棉塞受潮，菌袋有破口	随气流和操作传播、蔓延	培养料表层及菌丝处	菌丝灰白色，扩展迅速，稍触动或震动分生孢子迅速扩散，菌丝逐渐由灰白色转变成黄白色
毛霉	菌袋棉塞受潮、培养室通风不良、湿度过大容易发生	随气流和操作传播、蔓延	培养料表层及菌丝处	料面长出粗糙、疏松发达的营养菌丝，初期白色，后变为灰色、棕色或黑色，条件适宜时，一周内菌袋等部位布满毛霉菌丝
曲霉	高温、高湿、培养基含水量高时生长快，发生严重	随气流和操作传播、蔓延	培养料表层及菌丝处	袋口棉塞受潮时极易产生黄曲霉，曲霉孢子经10～15d，在菌袋内出现斑点状的曲霉菌落，孢子呈黄、绿、褐、黑等颜色，使菌落呈现各种色彩

ICS 65.060.01
CCS B90

DB15

内 蒙 古 自 治 区 地 方 标 准

DB15/T 2758—2022

高寒地区灵芝种植生产设施设备技术规程

Technical Code of Practice on Fcilities and Equipments for
Planting *Ganoderma lucidum* in Alpine Area

2022-08-15 发布   2022-09-15 实施

内蒙古自治区市场监督管理局   发 布

前　言

本文件按照GB/T 1.1—2020《标准化工作导则　第1部分：标准化文件的结构和起草规则》的规定起草。

本文件由内蒙古自治区农牧厅提出。

本文件由内蒙古自治区农业标准化技术委员会（SAM/TC 20）归口。

本文件起草单位：内蒙古农业大学、内蒙古自治区农牧业技术推广中心、根河市利民食用菌产销专业合作社。

本文件主要起草人：李小雷、鲍红春、姚继红、韩立明、张欣、贾晓东、刘俊、孙晶洁、曹慧、孔令江、肖强、吕艳霞、焦洁、刘亚农、温波、王海霞、史艳波、周星、王思明、蔚炜华。

高寒地区灵芝种植生产设施设备技术规程

1 范围

本文件规定了高寒地区兴安落叶松纯林，郁闭度为0.6～0.7条件下，大棚、林下灵芝种植和菌种场设施设备的技术要求。

本文件适用于高寒地区灵芝种植。

2 规范性引用文件

下列文件中的内容通过文中的规范性引用而构成本文件必不可少的条款。其中，注日期的引用文件，仅该日期对应的版本适用于本文件；不注日期的引用文件，其最新版本（包括所有的修改单）适用于本文件。

GB/T 26423 森林资源术语

3 术语和定义

下列术语和定义适用于本文件。

3.1

灵芝 *Ganoderma lucidum*

又称神芝、仙草、林中灵、琼珍等，是灵芝科真菌灵芝的子实体。

3.2

林下种植 cultivation under forest

室内长满菌丝后的菌袋，在温度适宜时移至森林内及大棚，利用森林生态环境，有利于灵芝出菇和改善灵芝品质的一种栽培方式。

3.3

兴安落叶松 larch in Xingan

隶属于松科，落叶松属的落叶乔木，分布于我国大、小兴安岭，是我国耐寒性最强的针叶树种之一。

3.4

纯林 pure stand

由一种树种组成或混有其他树种不足一成的林分。

3.5

郁闭度 crown density; shade density

林冠的垂直投影面积与林地面积之比，用十分法表示。

3.6

菌种 spawn

人工培养，并可供进一步繁殖或栽培使用的食用菌纯双核菌丝体，包括母种、原种和栽培种。

3.7

母种 stock culture

经各种方法选育得到的具有结实性的菌丝体纯培养物及其继代培养物，也称一级种、试管种。

3.8

菇童 paimordium of aurioularia

尚未分化子实层的灵芝属真菌的幼小子实体。

4 菌种场的设置与技术条件

场址应选择距离畜禽场、垃圾堆、厕所、废弃菌袋等污染源1 000m以外交通方便的上游处。

场内有水源、电源、供热设备。

场房应为砖石结构、水泥地面，天棚四壁白色、光滑、整洁。

各作业室应根据无菌作业的流程进行安排，做到既相连又相隔。

菌种场作业室设施设备应符合表1的规定。

表1 菌种场作业室设施设备

名称	用途	设施及条件	仪器设备
实验室	母种的培养、检测、分离、纯化、扩繁	电源、上下水道、卫生整洁	药品柜、仪器柜、电磁炉具、显微镜、恒温箱、冰箱、刀、剪、量筒、烧杯、漏斗、电子天平
配料室	培养基调配分类	上下水道、电源、整洁	电子天平、台秤、拌料机、铁锹、装料机、清洁池、粉碎机
灭菌室	培养基灭菌	电源、上水道、供气设备、通风	高压灭菌锅、高压灭菌车、蒸汽锅炉
冷却室	灭菌后培养基冷却	天然排气窗、卫生整洁、无其他物品	摆放台、摆放架

（续表）

名称	用途	设施及条件	仪器设备
缓冲室	进入无菌操作室的隔离间	卫生整洁、推拉门	洗手池、紫外线灭菌灯、更衣橱、喷雾器
无菌操作室	接种作业	窗密闭、无尘、无菌	紫外线灭菌灯、超净工作台、接种箱、接种器具、酒精灯
恒温培养室	培养菌种	供暖设备、卫生整洁、空气清新	温度计、培养架
贮藏室	贮存菌种	卫生整洁、干燥、通风	冷藏柜、冰箱
菌种检验室	检测菌种	水电方便、整洁	显微镜、培养设备
原料库	贮存原料	地势高、防水、防鼠、防火、卫生、整洁、干燥、通风	灭火器等，室外要有遮雨设备

5 栽培场设施设备

5.1 场地要选择兴安落叶松纯林林地，郁闭度为0.6～0.7，术语按照GB/T 26423执行。

5.2 远离畜禽场、垃圾堆、厕所、废弃菌袋等污染源1 000m以上。

5.3 排水良好，不积水，水源充足，交通便利。

5.4 林地种植所用设施设备应符合表2的规定。

表2 林地种植所用设施设备

名称	用途	设施及条件	仪器设备
栽培场、大棚	埋灵芝菌袋	水源	柴油机、微喷带及喷水管道

6 灵芝收集、晾晒和加工设施设备

6.1 孢子粉收集所用设施设备应符合表3的规定。

表3 灵芝孢子粉收集所用设施设备

用途	设施及条件	仪器设备
收集灵芝孢子粉	电源	灵芝孢子粉收集设备

6.2 晾晒场所用设施设备应符合表4的规定。

表4 晾晒场所用设备设施

用途	设施及条件	仪器设备
晾晒灵芝	光照充足、平坦、通风、遮雨	木或铁制架、遮阴网
遮盖、防雨、保温	无孔塑料、整洁、无毒、容易操作	塑料小拱棚
修菇脚	无污染物，清洁刀具	修菇小刀

6.3 烘干室所用设施设备应符合表5的规定。

表5 烘干室所用设备设施

用途	设施及条件	仪器设备
排湿	通风良好	鼓风机
加温	控温加热	红外线加热器

ICS 65. 020. 01
CCS B05

DB15

内 蒙 古 自 治 区 地 方 标 准

DB15/T 2759—2022

高寒地区兴安落叶松种植白木耳技术规程

Technical Code of Practice for Planting *Auricularia cornea* of
Larch in Xingan in Alpine Area

2022-08-15 发布
2022-09-15 实施

内蒙古自治区市场监督管理局 发 布

前　言

本文件按照GB/T 1.1—2020《标准化工作导则　第1部分：标准化文件的结构和起草规则》的规定起草。

本文件由内蒙古自治区农牧厅提出。

本文件由内蒙古自治区农业标准化技术委员会（SAM/TC 20）归口。

本文件起草单位：内蒙古自治区农牧业技术推广中心、内蒙古农业大学、根河市利民食用菌产销专业合作社。

本文件主要起草人：鲍红春、李小雷、韩立明、姚继红、苑兴文、王燕春、张欣、贾晓东、刘俊、王海霞、曹慧、孔令江、肖强、吕艳霞、焦洁、刘亚农、温波、史艳波、蔚炜华、周星。

高寒地区兴安落叶松种植白木耳技术规程

1 范围

本文件规定了高寒地区兴安落叶松种植白木耳产地环境、生产管理技术要求。

本文件适用于高寒地区采用兴安落叶松为主要原料种植白木耳。

2 规范性引用文件

下列文件中的内容通过文中的规范性引用而构成本文件必不可少的条款。其中，注日期的引用文件，仅该日期对应的版本适用于本文件；不注日期的引用文件，其最新版本（包括所有的修改单）适用于本文件。

GB/T 5749　生活饮用水卫生标准

NY/T 391　绿色食品　产地环境质量

NY/T 528　食用菌菌种生产技术规程

NY/T 5099　无公害食品　食用菌栽培基质安全技术要求

3 术语和定义

下列术语和定义适用于本文件。

3.1

白木耳　*Auricularia cornea*

又称玉木耳或白玉木耳，外形色泽洁白、晶莹剔透、白璧无瑕，隶属担子菌门、木耳属。

3.2

兴安落叶松　larch in Xingan

隶属于松科，落叶松属的落叶乔木，分布于我国大、小兴安岭，是我国耐寒性最强的针叶树种之一。

3.3

母种　stock culture

经各种方法选育得到的具有结实性的菌丝体纯培养物及其继代培养物，也称一级种、试管种。

3.4

原种 **mother spawn**

由母种移植、扩大培养而成的菌丝体培养物，也称二级种。

3.5

栽培种 **planting spawn**

由原种移植、扩大培养而成的菌丝体培养物，也称三级种。

3.6

培养基 **cuture medium**

为食用菌生长繁殖提供营养的物质。

4 产地环境

产地环境应符合GB/T 5749和NY/T 391的规定要求。

5 菌种选择和培养基制备

5.1 菌种选择

选择菌丝体健壮、浓密，颜色纯正，无异味，无虫害，无杂菌感染，菌龄适中的白木耳菌种。

5.2 培养基制备

5.2.1 母种配方

马铃薯200g+葡萄糖（或蔗糖）20g+琼脂20g+蛋白胨2g+磷酸二氢钾3g+硫酸镁1.5g+维生素$B_1$10mg+水1L。

5.2.2 原种配方

小麦粒93%+兴安落叶松木屑5%+石膏2%。

5.2.3 栽培种配方

玉米芯60%+兴安落叶松木屑25%+麦麸13%+石膏1%+蔗糖1%。

5.2.4 生产用配方

兴安落叶松木屑80%+麦麸19%+石膏0.5%+生石灰0.5%。

5.2.5 制作过程

严格按照NY/T 528中规定执行，培养料拌匀后，含水量60%～65%，pH值5.5～6.0，选用17cm×35cm×0.05cm低压聚乙烯折角袋或高压聚丙烯折角袋装袋。栽培基质其他要求按照NY/T 5099执行。

6 接种及发菌管理

6.1 接种

选择菌丝体健壮、浓密，颜色纯正，无异味，无虫害，无杂菌感染，菌龄适中的栽培种，待菌袋冷却至约30℃进行接种。

6.2 发菌期菌室管理

6.2.1 温度

白木耳属中高温型菌类，菌丝培养期间温度控制在23~25℃。

6.2.2 湿度

室内空气相对湿度控制在65%~70%。

6.2.3 光照

栽培袋接种后置于黑暗条件下培养。

6.2.4 通风

每天通风换气1~2次，每隔7~10d翻袋检查并及时清除污染袋。

7 出菇期管理

7.1 打孔

当白木耳菌丝长满整个菌袋后，有少量耳牙出现时即可打孔出菇，也可以划口出菇，但打孔出菇的品质更佳；每袋打孔8~10排，每排10个，共80~100个孔，打孔深度1cm。

7.2 催菇

打孔处菌丝恢复后，进行喷水催菇，加大光照（避免强光和直射光）和通风量，维持出菇场温度15~20℃，空气相对湿度85%~90%，干湿交替。3~5d菇孔出现微小原基。

7.3 挂袋

原基出现后及时挂袋，每3股绳挂5~7袋。挂袋应注意将菌袋接种口朝下，防止接种口积水，最上面一层栽培袋离微喷管50cm，最下面一层菌袋距离地面50cm以上。

7.4 出菇

7.4.1 温度

白木耳菌丝最适宜生长温度为20~25℃。

7.4.2 湿度

空气相对湿度应在85%~90%。

7.4.3 光照

在散射光条件下出菇，避免强光和直射光。

7.4.4　空气

保持空气流通，二氧化碳浓度低于1%。

8　采收和转潮

8.1　采收标准

待耳片舒展，边缘开始明显皱缩时即可采收。

8.2　采收方法

采收前1d停止喷水。采摘时可将晒网或地膜铺在地面上，用手、木棍或木刀触碰采收。

8.3　转潮管理

一茬菇采收后，加大通风量，停水养菌3～5d，喷水增湿、催蕾，按照发菌期的管理要求培育下潮菇。

9　病虫害防治

9.1　农业防治

种植前做好场地的消毒以及周围枯枝、落叶及腐木的清理。发现污染时，要加强通风、降温、降湿，及时拣出并处理，严禁揭开薄膜，避免蔓延，利用塑料袋制种时，培养期间不宜过多的移动。在同一场地种植不宜超过2年。

9.2　物理防治

在出菇场所安装防虫网、粘虫板、防虫灯等。

ICS 65.020.01
CCS B05

DB15

内 蒙 古 自 治 区 地 方 标 准

DB15/T 3284—2023

北虫草菌种制作技术规程

Technology Code of Pratice of Production for *Cordyceps militaris* Spawns

2023-12-29 发布　　　　　　　　　　　2024-01-29 实施

内蒙古自治区市场监督管理局　　　发 布

前　言

本文件按照GB/T 1.1—2020《标准化工作导则　第1部分：标准化文件的结构和起草规则》的规定起草。

本文件由内蒙古自治区果蔬标准化技术委员会（SAM/TC 25）归口。

本文件起草单位：内蒙古自治区农牧业技术推广中心、内蒙古自治区农牧业科学院、内蒙古农业大学、赤峰市敖汉旗农牧局、兴安盟农牧技术推广中心。

本文件主要起草人：李志平、鲍红春、苑兴文、肖强、于传宗、贺龙、朱玉成、王佐、李文彪、庞杰、李小雷、贺琪、贾晓东、邓海峰、闫庆琦、季祥、郑莎、肖杰、张娜。

北虫草菌种制作技术规程

1 范围

本文件规定了北虫草菌种生产要求、菌种制备、检验、贮存技术。

本文件适用于北虫草各级菌种生产。

2 规范性引用文件

下列文件中的内容通过文中的规范性引用而构成本文件必不可少的条款。其中，注日期的引用文件，仅该日期对应的版本适用于本文件；不注日期的引用文件，其最新版本（包括所有的修改单）适用于本文件。

GB 5749 生活饮用水卫生标准

NY/T 528 食用菌菌种生产技术规程

NY/T 1731 食用菌菌种良好作业规范

3 术语和定义

下列术语和定义适用于本文件。

3.1

北虫草 *Cordyceps militaris*

又名蛹虫草、北冬虫夏草，隶属于子囊菌门、虫草科、虫草属，是一种药、食用菌。子实体为棒状或蝌蚪状，高45～50mm，淡黄色。

3.2

菌种 **spawn**

生长在适宜基质上具结实性的菌丝培养物，包括母种、原种和栽培种。

3.3

液体菌种 **liquid spawn**

用液体培养基在生物发酵罐等容器中，通过深层培养技术生产的液体形态食用菌菌种。

3.4

母种 **stock culture**

经分离、纯化、杂交、诱变等各种方法选育得到的具有结实性菌丝培养物及其继代培养物，也称一级种。

3.5

原种　preculture spawn

由母种移植、扩大培养而成的菌丝体纯培养物，也称为二级种。

3.6

栽培种　spawn

由原种移植、扩大培养而成的菌丝体纯培养物，也称为三级种。

4　生产要求

4.1　技术人员

菌种生产的技术人员需经过培训能够掌握专业知识、制作菌种达到相关技术要求。

4.2　场地选择

4.2.1　选址

选择水电和交通便利、通风良好、便于供排水的场地。

4.2.2　环境卫生

要求500m之内无畜禽养殖场、无垃圾场、无污水和其他污染源，远离北虫草种植区，尤其是远离北虫草栽培废弃物晾晒场，用水符合GB 5749相关规定。

4.3　设施、设备

4.3.1　原材料库

通风、防雨、防潮、防虫、防鼠、防火、防杂菌污染等。

4.3.2　配料室、分装室

水电便利，通风良好、空间充足，配料室配磅秤、天平、搅拌机，分装室配分装器等。

4.3.3　灭菌室

水电安全便利、通风良好、空间充足，配有高压灭菌锅或灭菌柜、消防等设施。如果使用煤、天然气加热，要求灭菌设施的出料门与加热灶有隔断设施。

4.3.4　冷却室及接种室

洁净、防尘。冷却室通风良好，配紫外线灭菌灯；接种室门口设缓冲间或风淋室，配有超净工作台、接种枪、高压泵、酒精灯、紫外线灭菌灯、防火设备等。

4.3.5　培养室

洁净、水电畅通、通风良好，配有恒温培养箱或培养架、摇床、发酵罐、空调、杀菌设备等。

4.3.6　菌种检验室

水电畅通，配有显微镜、pH计、菌落计数器等。

4.4 容器

4.4.1 母种

玻璃试管（18mm×180mm或20mm×200mm）或平板培养皿（90mm×90mm），试管塞带有砂芯或者不带砂芯的硅胶塞。

4.4.2 原种

耐高温高压的透明洁净摇瓶或聚丙烯塑料瓶。

4.4.3 栽培种

耐高温高压的带有透气盖（膜）玻璃瓶、聚丙烯塑料瓶或不同容积规格发酵罐。

4.5 原料

葡萄糖、蛋白胨、硫酸镁、磷酸二氢钾等化学试剂，马铃薯、小麦、麦麸等要求新鲜、干燥、无虫、无霉变。

5 菌种制备

5.1 培养基制备

5.1.1 母种

配方为马铃薯200g（煮汁）、葡萄糖20g、琼脂20g、蛋白胨5g、牛肉膏0.5g、酵母粉5g、磷酸二氢钾1g、硫酸镁0.5g，加水定容1 000mL，pH值为6.5～7.0。分装至试管中，分装量掌握在试管长度的1/4。

5.1.2 原种

配方为马铃薯200g（煮汁）、葡萄糖20g、蛋白胨5g、牛肉膏0.5g、酵母粉5g、磷酸二氢钾1g、硫酸镁0.5g，加水定容1 000mL，pH值为6.5～7.0。将液体培养基分装至容器内，分装量不超总容积的3/5。

5.1.3 栽培种

制备配方和方法同原种，分装量不超过摇床培养容器或发酵罐总容积的3/5。

5.2 灭菌

培养基采用常压或高压灭菌，在高压121～123℃（0.11～0.15MPa）条件下灭菌20～25min，常压100～105℃灭菌10～12h，自然冷却到50℃左右时，取出试管，摆放斜面，原种和栽培种取出备用。

5.3 接种

5.3.1 母种

在超净工作台上，取一段消毒好的子实体或培养的菌丝体放入试管培养基质中间部位，操作过程按照NY/T 1731的规定执行。

5.3.2 原种

每升接入4～5块（2mm×2mm）母种，迅速置于原种培养基内，及时盖上瓶盖，所有操作按照NY/T 528的规定执行。

5.3.3 栽培种

按栽培培养基体积的2%取原种，迅速放入栽培种培养基内，及时盖上瓶盖，所有操作按照NY/T 528的规定执行。

5.4 培养

5.4.1 母种

将接好的试管置于20℃的恒温培养箱中暗培养6~8d，长至4~5cm时使用，或转置于光照强度为200lx下培养2~3d转色后使用。

5.4.2 原种和栽培种

置于18~22℃、120~150r/min可控温摇床上或发酵罐中暗培养5~7d，当培养基颜色变为棕色或黄白色，且有大量菌丝碎片，不混浊。

6 检验

取少量培养后的菌种在显微镜上进行检测，无杂菌、无异味。

7 贮存

培养好的菌种可以置于0~5℃的保鲜箱中贮存，母种贮存时间不能超过30d，原种和栽培种贮存时间不能超过10d。

ICS 65. 020. 01
CCS B16

DB15

内 蒙 古 自 治 区 地 方 标 准

DB15/T 3285—2023

羊肚菌病虫害综合防控技术规程

Technology Code of Practice of *Morehella esculenta* Diseases and
Pests for Integrated Control

2023-12-29 发布 　　　　　　　　　　　　　2024-01-29 实施

内蒙古自治区市场监督管理局　　　发 布

前　言

本文件按照GB/T 1.1—2020《标准化工作导则　第1部分：标准化文件的结构和起草规则》的规定起草。

本文件由内蒙古自治区果蔬标准化技术委员会（SAM/TC 25）归口。

本文件起草单位：内蒙古自治区农牧业技术推广中心、内蒙古自治区农牧业科学院、内蒙古农业大学、赤峰市敖汉旗农牧局、兴安盟农牧技术推广中心。

本文件主要起草人：鲍红春、李志平、苑兴文、朱玉成、肖强、于传宗、李文彪、贾晓东、庞杰、李小雷、王佐、贺琪、杨波、郭芳颖、闫庆琦、温波、孔令江、焦洁、杨栋。

羊肚菌病虫害综合防控技术规程

1 范围

本文件规定了羊肚菌病虫害综合防控的主要病虫害及其防控、防控记录及存档。

本文件适用于露地和设施羊肚菌主要病虫害的综合防控。

2 规范性引用文件

下列文件中的内容通过文中的规范性引用而构成本文件必不可少的条款。其中，注日期的引用文件，仅该日期对应的版本适用于本文件；不注日期的引用文件，其最新版本（包括所有的修改单）适用于本文件。

GB/T 8321　（所有部分）农药合理使用准则

NY/T 1731　食用菌菌种良好作业规范

NY/T 1935　食用菌栽培基质质量安全要求

3 术语和定义

下列术语和定义适用于本文件。

3.1

病原物　pathogen

引起食用菌发病的真菌、细菌和病毒统称为病原物。

3.2

辐射灭菌　sterilization dose

利用辐射（波动或粒子在空间高速运行）产生的能量进行杀灭微生物的方法。

3.3

光源诱杀　solar lamps

在栽培场所设置害虫正趋性的光源和捕杀器具，将害虫诱集到光源处，集中杀灭害虫的方法。

4 主要病虫害及其防控

4.1 主要病虫害

细菌性病害主要为软腐病和红体病，真菌性病害主要为霉菌性枯萎病、蛛网病等病害；虫害有蛞蝓、蜗牛、跳虫、菇蚊等。具体表现形式及为害符合附录A。

4.2 综合防控措施

4.2.1 农业防控

4.2.1.1 场地选址

选择交通便利、水电齐全、通风良好、便于供排水的栽培场地，500m之内无禽畜养殖场（圈）、无垃圾场、无污水和其他污染源。

4.2.1.2 合理轮作

羊肚菌种植结束后，种植生物量较大、生育期较短的农作物或蔬菜等。避免重茬，轮作期间避免使用除草剂。

4.2.1.3 土壤处理

播种前将杂草、杂物清理干净，对土壤进行施撒、翻耕、晾晒。撒施50～75kg/667m²白灰翻耕于土壤中，进行土壤消毒和调节pH值至7～7.5，精细整地达到土壤疏松平整。

4.2.1.4 选用菌种

选择抗逆性强、色正、无霉变、菌龄适宜的菌种。

4.2.1.5 培养料配制

营养基质配方：麦粒60%、玉米芯40%或麦粒50%、阔叶木屑50%，基质按照NY/T 1935规定执行。

营养袋制作：麦粒浸泡20～24h无硬芯后，与含水量32%～65%的玉米芯或阔叶木屑混拌均匀，调至pH值为7.0～7.5后装入12～24cm的栽培袋，121～122℃（0.11～0.12MPa）灭菌2～2.5h或100℃灭菌7～8h。

4.2.1.6 环境控制

菌种培养期温度18～20℃；菌丝生长期，地温5～10℃，棚温不超过18℃，空气相对湿度60%～70%，土壤含水量保持在55%左右；催菇期温度10～20℃，空气相对湿度85%～95%；出菇期散射光照射，温度10～15℃，空气相对湿度80%～85%，保持良好通风。

4.2.1.7 检杂处理

接种3～5d进行第一次检杂，以后每隔5d检查一次，直到菌丝发满瓶（袋）。发现杂菌污染，将污染菌瓶（袋）挑出。对于链孢霉等孢子长出袋外的暴露型杂菌，在分生孢子形成之前及时处理。若分生孢子已成熟，用湿布包裹感染部位，轻拿并移出培养室，减少震动，深埋销毁。

4.2.1.8 注意事项

采收时避免留下残体，防止菇床喷水反溅，尽量采用喷雾增湿，及时摘除病株。

4.2.2 物理防控

4.2.2.1 空间灭菌

用紫外线、臭氧和干热空气灭菌法消杀菌种培养室和生产棚室空气中的杂菌。按照NY/T 1731规定执行。

4.2.2.2 高温闷棚

夏季选择晴天，自然高温闷棚5～7d。利用太阳能和其他人工加温方法，使棚内温度达到55～60℃。

4.2.2.3 防虫网

菇房门及通风口安装60目以上的防虫网，在菇房的进出口保持10m以上黑暗，或设置缓冲门，出入菇房随手关门，防止成虫趋光飞入产卵。

4.2.2.4 室内诱杀

在羊肚菌菌种培养室和栽培棚室设施内悬挂频振灯、粘虫板、蜂蜜、糖醋液等诱杀害虫，粘虫板悬挂高度离地0.5cm为宜。

4.2.3 化学防控

4.2.3.1 防治方法

生产过程中选择高效、低残留或已在食用菌上允许使用的药剂，按照附录B进行针对性防治，按照GB/T 8321规定执行。

4.2.3.2 用药时期

无菇期允许使用药剂，出菇期禁止向子实体直接喷洒化学试剂。

4.2.4 人工防控

对个体较大的如蛞蝓、蜗牛等害虫，可在夜间人工捕杀。

5 防控记录及存档

建立羊肚菌病虫害防控技术档案，详细记录产地环境、生产投入品、栽培管理、病虫害发生时间、地点、发生面积、病虫害种类、为害程度、羊肚菌品种、防控时间、防控措施等，完善整个溯源体系，档案保存2年以上。

附录A
（规范性附录）
羊肚菌主要病虫害及防控

羊肚菌主要病虫害及防控见表A.1。

表A.1 羊肚菌主要病虫害及防控

主要病虫害		表现形式及为害	防控方法
真菌病害	霉菌性枯萎病	以菌盖侵染为主，也能侵染菌柄组织；受侵染的部位会枯萎，停止发育，严重时子囊果畸形；侵染初期，染病部位白色，绒毛状，后期有粉末感，随着时间延续，受侵染的部位会萎缩、凹陷、破损，导致产量、品质下降	在播种前一个月通常按照50～75kg/667m² 生石灰使用量，对土壤进行施撒、翻耕、闷棚、晾晒；出菇期加强通风、除湿和降温，菇床有霉菌，可喷洒10%生石灰并掩埋
	萎凋病或根腐病	以侵袭菌柄为主，也能侵染菌盖组织，侵染部位为白色菌丝物，最终导致发病部位萎蔫、子囊果畸形，严重影响羊肚菌的品质	在播种前一个月通常按照50～75kg/667m² 生石灰使用量，对土壤进行施撒、翻耕、闷棚、晾晒；出菇期加强通风、除湿和降温，菇床有霉菌，可喷洒10%生石灰并掩埋，或喷洒克霉灵或硫酸铜
	蛛网病	受侵袭部位被浓厚的白色菌丝物包裹，停止发育，最终死亡	前期做好土壤消毒和周围环境的处理。发现时可用生石灰将发病及蔓延区域覆盖消杀，使用"咪鲜胺锰可湿性粉剂"或"唑菌灵"为主要成分的药剂
细菌病害	软腐病	菌柄腐烂、子囊果倒伏，发病部位呈脓状、水浸状、恶臭，病菌有明显的蔓延扩散趋势，发病区域不再有新的羊肚菌生长	保持场地环境的清洁卫生，播种前进行场地杀菌、杀虫处理，后期发生可喷洒10%石灰水
	红体病	子囊果停止发育，不变软，屹立不倒，通体泛红色，有臭味，病菌会随着人员走动、雨水、风向传播，所到之处，大小菇体均可染病，发病区域不会再有新的羊肚菌发生	保持场地环境的清洁卫生，播种前进行场地杀菌、杀虫处理，后期发生可喷洒10%石灰水
蜗牛、蛞蝓		咀嚼羊肚菌的子囊果，严重为害羊肚菌	人工捕杀，严重时在傍晚每亩施撒豆饼或炒香棉籽与四聚乙醛颗粒药剂按10：1比例制成的毒饵

（续表）

主要病虫害	表现形式及为害	防控方法
白蚁	直接吃菌种，造成严重损失	播种前暴晒土壤或火烧泥土，新开垦土地施生石灰或草木灰50～75kg/667m^2。当受到白蚁为害时，喷洒48%的乐斯本乳油1 000～1 500倍液
跳虫	在土壤的缝隙中咀嚼菌丝；钻入营养袋繁殖，造成菌丝的破坏和营养的丧失；嚼食子囊果容易导致其他疾病的发生	去除杂物，播种前30d，施用50～75kg/667m^{2}生石灰，耕作后暴晒。跳虫比较严重的地方，采用连续换储水盆进行诱杀
螨虫	主要为害菌丝体，也咬子实体	菜籽饼或新鲜骨头诱杀；50%菊酯1 500倍液、新型高脂膜配合喷雾
菇蚊	取食幼菇	门、窗安防虫网，每100m安装1盏光触媒灭蚊器、杀虫灯或诱虫灯（配置诱杀液）、每隔2m悬挂1张粘虫板

附录B

（规范性附录）
登记在食用菌上的农药制剂使用方法

登记在食用菌上的农药制剂使用方法见表B.1。

表B.1　登记在食用菌上的农药制剂使用方法

序号	农药名称	防治对象	用药量	施用方法
1	50%咪鲜胺锰盐可湿性粉剂	褐腐病	1.6~2.4g/m²	喷雾或拌土
2	咪鲜胺锰盐	褐腐病、白腐病	0.8~1.2g/m²	拌土或喷淋菇床
3	咪鲜胺	青霉病	0.09~0.18mL/m²	喷雾
4	40%噻菌灵可湿性粉剂	褐腐病	0.8~1.0g/m²	菇床喷雾
5	500g/L噻菌灵悬浮剂	褐腐病	1：（1 250~2 500）（药料比）或0.5~0.75g/m²	拌料 喷雾
6	66%二氯异氰尿酸钠烟剂	霉菌	6~8g/m³	点燃放烟
7	40%二氯异氰尿酸钠可溶粉剂	木霉菌	1：（833~1 000）（药料比）或40~80g/100kg干料	拌料
8	50%二氯异氰尿酸钠可溶粉剂	木霉菌	40~80g/100kg干料	拌料
9	5%噻霉酮悬浮剂	细菌性褐斑病	0.025~0.35mL/m²	喷雾（菇床）
10	10%百菌清烟剂	霉菌	4~5g/m³	点燃放烟
11	6%春雷霉素水剂	细菌性褐斑病	1 000~1 500倍液	喷雾
12	72%唑醚·代森联水分散粒剂	褐腐病	1 000~2 000倍液	喷雾
13	25%腐霉·百菌清烟剂	链孢霉病	0.5~1.5g/m³	点燃放烟
14	20%呋虫胺悬浮剂	菇蚊	20~40mL/667m²	喷雾
15	80%灭蝇胺水分散粒剂	菇蝇	0.5~0.63kg/100kg湿料	拌料
16	1%吡丙醚粉剂	菌蛆	1~3g/m² 3~5g/100m²	撒施 喷雾
17	4.3%氯氟·甲维盐乳油	菌蛆 螨	3~5g/100m² 3~5g/100m²	喷雾 喷雾
18	0.1%三十烷醇微乳剂	调节生长	1 333~2 000倍液 5 000~10 000倍液	喷雾 喷雾
19	15%赤霉酸可溶片剂	调节生长	3 250~10 000倍液	喷雾